普通高等教育机电类规划教材

工业机器人应用基础

张宪民　杨丽新　黄沿江　编著

机 械 工 业 出 版 社

本书以目前高等院校中常用的几种工业机器人为例介绍其基本操作，设计了教学中易于实施的实践练习，使读者在实际操作和应用中学会工业机器人的基本操作方法，并加深对机器人原理的认识。

本书分为6章，包括绪论、工业机器人的结构原理、示教编程器、工业机器人的编程、示教与再现以及典型应用案例。

本书可作为机械工程和自动化专业本科生、大专生相关课程的实验实训教材，以及企业中使用、操作机器人的技术人员的培训教材，也可为设计和研究机器人的技术人员提供较全面、必要的应用基础知识。

图书在版编目（CIP）数据

工业机器人应用基础/张宪民，杨丽新，黄沿江编著.
—北京：机械工业出版社，2015.8（2021.8重印）
普通高等教育机电类规划教材
ISBN 978-7-111-51059-8

Ⅰ.①工… Ⅱ.①张…②杨…③黄… Ⅲ.①工业机器人-高等学校-教材 Ⅳ.①TP242.2

中国版本图书馆CIP数据核字（2015）第178975号

机械工业出版社（北京市百万庄大街22号 邮政编码100037）
策划编辑：舒 恬 责任编辑：舒 恬
版式设计：赵颖喆 责任校对：胡艳萍 陈秀丽
封面设计：张 静 责任印制：郜 敏
北京富资园科技发展有限公司印刷
2021年8月第1版·第6次印刷
184mm×260mm·9.25印张·225千字
标准书号：ISBN 978-7-111-51059-8
定价：22.00元

凡购本书，如有缺页、倒页、脱页，由本社发行部调换
电话服务 网络服务
服务咨询热线：010-88379833 机 工 官 网：www.cmpbook.com
读者购书热线：010-88379649 机 工 官 博：weibo.com/cmp1952
教育服务网：www.cmpedu.com
封面无防伪标均为盗版 金 书 网：www.golden-book.com

前　言

随着全球工业化和经济的持续发展，我国已成为制造业大国，制造业的发展程度与我国国民经济的发展息息相关。作为制造产业链中的基础装备，工业机器人是国家制造能力和自动化水平的突出体现，是国防安全和国民经济的重要保障。工业机器人集机械、电子、控制、传感以及计算机技术等多领域知识于一体，广泛应用于制造业，对我国制造业的大力发展和综合国力的提高具有十分重要的现实意义。

近年来，越来越多的国内企业在生产中采用了工业机器人，各种机器人生产厂家的销售量都有大幅度的提高。国际机器人联合会的一组数据显示，2013 年我国新增机器人 3.7 万台，约占全球销量的 1/5，总销量超过日本，已成为全球第一大机器人市场。我国已有 400 多家工业机器人制造企业和系统集成企业，但其中 88% 是系统集成企业，全产业链机器人制造商还不多。中高端驱动器、减速器、控制器等核心元器件还需从国外进口。可以预见，中国的工业机器人产业将会在国民经济中占据重要的地位，工业机器人技术也正因此吸引了越来越多的不同专业背景的科研技术人员开展深入研究。

目前，关于机器人方面的专著、教材普遍偏于理论，而关于实际操作和应用的知识只能依赖于各种商业机器人产品的用户手册。理论与实践应用的严重脱节已成为制约工业机器人广泛应用的瓶颈。因此，编写一本兼顾理论与实践操作的工业机器人教材就显得十分必要了。

本书侧重于工业机器人的操作实践和应用，通过对几种主流工业机器人基本操作的分析介绍和实践练习，可使读者在实际操作和应用中学会工业机器人的基本原理，以达到触类旁通的目的。编者希望通过这样的学习模式，为读者从事工业机器人应用和研究打下良好的基础。

本书由华南理工大学张宪民教授主审并统稿，杨丽新老师和黄沿江博士完成了书稿的主要编写工作。陈婵媛、王如意等为书稿付出了辛勤的劳动。同时，本教材参考了大量教材、专著、论文、网络文献等资料，在此，编者对各位原编著者表示衷心的感谢。但书中所列文献难免有所遗漏，对此编者敬请同行指正，以便再版时及时修订。

由于编者学识有限，书中难免有疏漏和不足之处，恳请读者批评指正。

编　者

目录

第1章　绪　　论

1.1 工业机器人的定义

工业机器人一般指在工厂车间环境中配合自动化生产的需要，代替人来完成材料的搬运、加工、装配等操作的一种机器人。在工业生产中，各种专用的自动机器也能代替人完成搬运、加工、装配功能的工作，但是机器人则可发挥其突出的柔性自动化功能使企业达到最高的技术经济效益。有关工业机器人的定义有许多不同说法，通过比较这些定义，可以对工业机器人的主要功能有更深入的了解。

1. 日本工业机器人协会（JIRA）对工业机器人的定义

工业机器人是“一种装备有记忆装置和末端执行装置的、能够完成各种移动来代替人类劳动的通用机器”。它又分以下两种情况来定义：

1）工业机器人是“一种能够执行与人的上肢类似动作的多功能机器”。

2）智能机器人是“一种具有感觉和识别能力，并能够控制自身行为的机器”。

2. 美国机器人协会（RIA）对工业机器人的定义

机器人是“一种用于移动各种材料、零件、工具或专用装置，通过程序动作来执行各种任务，并具有编程能力的多功能操作机”。

3. 国际标准化组织（ISO）对工业机器人的定义

机器人是“一种自动的、位置可控的、具有编程能力的多功能操作机，这种操作机具有几个轴，能够借助可编程操作来处理各种材料、零件、工具和专用装置，以执行各种任务”。

以上定义的工业机器人实际上均指操作型工业机器人。实际工业机器人是面向工业领域的多关节机械手或多自由度的机器人。工业机器人是自动执行工作的机器装置，是靠自身动力和控制能力来实现各种功能的一种机器。它可以接受人类指挥，也可以按照预先编排的程序运行，现代的工业机器人还可以根据人工智能技术制定的原则纲领行动。为了达到其功能要求，工业机器人的功能组成中应该有以下部分：

1）为了完成作业要求，工业机器人应该具有操作末端执行器的能力，并能正确控制其空间位置、工作姿态及运动程序和轨迹。

2）能理解和接受操作指令，并把这种信息化了的指令记忆、存储，并通过其操作臂各关节的相应运动复现出来。

3）能和末端执行器（如夹持器或其他操作工具）及其他周边设备（加工设备、工位器具等）协调工作。

1.2 工业机器人的发展

1.2.1 国外工业机器人的发展

美国是机器人的诞生地。早在1961年，美国的Consolided Control Corp和AMF公司就联合研制了第一台实用的示教再现机器人。经过40多年的发展，美国的机器人技术在国际上一直处于领先地位，其技术全面、先进，适应性也很强。

日本在1967年从美国引进第一台机器人。1976年以后，随着微电子的快速发展和市场需求急剧增加，日本当时劳动力显著不足，工业机器人在企业里受到了极大欢迎，使日本工业机器人得到快速发展。现在无论机器人的数量还是机器人的密度，日本都位居世界第一，素有“机器人王国”之称。

德国引进机器人的时间虽然比英国和瑞典大约晚了五六年，但战争所导致的劳动力短缺、国民的技术水平较高等社会环境，为工业机器人的发展、应用提供了有利条件。此外，德国规定，对于一些危险、有毒、有害的工作岗位，必须以机器人来代替普通人的劳动，这为机器人的应用开拓了广泛的市场，并推动了工业机器人技术的发展。目前，德国工业机器人的总数位居世界第二位，仅次于日本。

法国政府一直比较重视机器人技术，通过大力支持一系列研究计划，建立了一套完整的科学技术体系，使法国机器人的发展比较顺利。在政府组织的项目中，特别注重机器人基础技术方面的研究，把重点放在开展机器人的基础研究上；应用和开发方面的工作则由工业界支持开展。两者相辅相成，使机器人在法国企业界得以迅速发展和普及，从而使法国在国际工业机器人界拥有不可或缺的一席之地。

英国从20世纪70年代末开始，推行并实施了一系列支持机器人发展的政策，使英国工业机器人起步比当今的机器人大国日本还要早，并取得了早期的辉煌。然而，这时候政府对工业机器人实行了限制发展的错误措施，导致英国的机器人工业一蹶不振，在西欧几乎处于末位。

近些年，意大利、瑞典、西班牙、芬兰、丹麦等国家由于国内对机器人的大量需求，发展也非常迅速。

目前，国际上的工业机器人公司主要分为日系和欧系。日系中主要有Yaskawa、OTC、松下、FANUC等公司的产品，欧系中主要有德国的KUKA和CLOOS、瑞典的ABB、意大利的COMAU及奥地利的IGM等公司的产品，其部分产品如图1-1～图1-4所示。

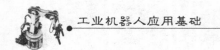

1.2.2 国内工业机器人的发展

我国工业机器人起步于20世纪70年代初期，经过40多年发展，大致经历了4个阶段：70年代的萌芽期，80年代的开发期、90年代的应用期和21世纪的发展期。随着20世纪70年代世界科技快速发展，工业机器人的应用在世界上掀起了一个高潮。在这种背景下，我国于1972年开始研制自己的工业机器人。进入20世纪80年代后，随着改革开放的不断深入，在高技术浪潮的冲击下，我国机器人技术的开发与研究得到了政府的重视与支持。“七五”期间，国家投入资金，对工业机器人及零部件进行攻关，完成了示教再现式工业机器人成套技术的开发，研制出了喷漆、点焊、弧焊和搬运机器人。尤其是国家高技术研究发展计划（863 计划）开始实施之后，取得了一大批科研成果，成功地研制出了一批特种机器人。

图 1-1　ABB IRB 120 型机器人

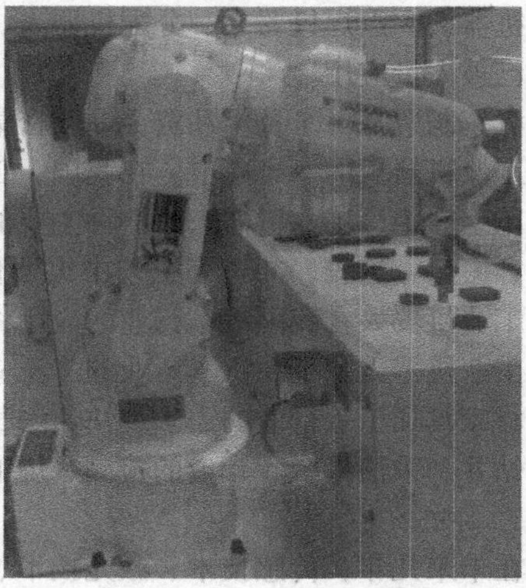

图 1-2　Yaskawa MH3F 型机器人

图 1-3　KUKA KR16 型机器人

图 1-4　OTC NV62-NCFN 型机器人

从 20 世纪 90 年代初期起，我国的国民经济进入了实现两个根本转变期，掀起了新一轮的经济体制改革和技术进步热潮。我国的工业机器人在实践中又迈进了一大步，先后研制了点焊、弧焊、装配、喷漆、切割、搬运和码垛等各种用途的工业机器人，并实施了一批机器人应用工程，形成了一批工业机器人产业化基地，为我国机器人产业的腾飞奠定了基础。但是，与发达国家相比，我国工业机器人还有很大差距。

1.3　工业机器人的应用

随着工业机器人发展的深度和广度以及机器人智能水平的提高，工业机器人已在众多领域得到了应用。目前，工业机器人已广泛应用于汽车及汽车零部件制造业、机械加工行业、电子电气行业、橡胶及塑料工业、食品工业、木材与家具制造业等领域中。在工业生产中，弧焊机器人、点焊机器人、分配机器人、装配机器人、喷漆机器人及搬运机器人等工业机器人都已被大量应用。

汽车制造是一个技术和资金高度密集的产业，也是工业机器人应用最广泛的行业，占到整个工业机器人的一半以上。在我国，工业机器人最初也是应用于汽车和工程机械行业中。在汽车生产中，工业机器人是一种主要的自动化设备，在整车及零部件生产的弧焊、点焊、喷涂、搬运、涂胶、冲压等工艺中大量使用。据预测，我国正在进入汽车拥有率上升的时期，工业机器人在我国汽车行业的应用将得到快速发展。

工业机器人除了在汽车行业的广泛应用，在电子、食品加工、非金属加工、日用消费品和木材家具加工等行业的需求也快速增长。工业机器人在石油方面也有广泛的应用，如海上石油钻井、采油平台、管道的检测、炼油厂、大型油罐和储罐的焊接等均可使用机器人来完成。

在未来几年，传感技术、激光技术、工程网络技术将会被广泛应用在工业机器人工作领域，这些技术会使工业机器人的应用更为高效、高质，运行成本更低。

我国工业机器人已开始关注新兴行业，在一般工业应用的新领域，如光伏产业、动力电池制造业，食品工业及化纤、玻璃纤维、砖瓦制造、五金打磨、冶金浇铸、医药等行业，都有工业机器人代替人工的环节和空间。

总之，工业机器人的广泛应用，可以逐步改善劳动条件，使企业得到更强与可控的生产能力，加快产品更新换代，提高生产效率和保证产品质量，消除枯燥无味的工作，节约劳动力，提供更安全的工作环境，降低工人的劳动强度，减少劳动风险，减少工艺过程中的工作量及降低停产时间，有利于提高企业竞争力。

在我国，工业机器人市场份额大部分被国外工业机器人企业占据着。在国际强手面前，国内的工业机器人企业面临着相当大的竞争压力。如今我国正从一个制造大国向制造强国迈进，中国制造业面临着与国际接轨、参与国际分工的巨大挑战，对我国工业自动化水平的提高迫在眉睫，政府必将加大对机器人的资金投入和政策支持，给工业机器人产业发展注入新的动力。

1.4 安全操作规程

机器人系统复杂而且危险性大，进入机器人运动所及的区域都可能导致严重的伤害，因此，在操作过程中必须注意安全，遵守相应安全操作规程。

1. 示教和手动机器人

1）请不要戴手套操作示教盘和操作盘。

2）在点动操作机器人时要采用较低的倍率速度以加强对机器人的控制。在编程、测试及维修时必须注意，即使在低速运行时，机器人动量也很大，必须将机器人置于手动模式。

3）在按下示教盘上的点动键之前要考虑到机器人的运动趋势。

4）手动模式下，不移动机器人及运行程序时，必须及时释放使能器。

5）要预先考虑好避让机器人的运行轨迹，并确认该轨迹不受干涉。机器人处于自动模式时，不允许进入其运行所及的区域。

6）机器人周围区域必须清洁，无油、水及杂质等。

2. 生产运行

1）在开机运行前，必须知道机器人根据所编程序将要执行的全部任务。

2）必须知道所有会影响机器人移动的开关、传感器和控制信号的位置与状态。

3）必须知道机器人控制器和外围控制设备上的紧急停止按钮的位置，准备在紧急情况下按这些按钮。急停开关不允许被短接。

4）不要误认为机器人停止不动时其程序就已经完成，因为这时机器人很有可能是在等待让它继续运动的输入信号。

5）在得到停电通知时，要预先关断机器人的主电源及气源。

6）突然停电后，要赶在来电之前预先关闭机器人的主电源开关，并及时取下夹具上的工件。

3. 不可使用工业机器人的场合

1）燃烧的环境。

2）有爆炸可能的环境。

3）无线电干扰的环境。

4）水中或其他液体中。

5）运送人或动物时。

6）需攀附的场合。

第2章　工业机器人的结构原理

工业机器人一般由机械本体（机械手）、驱动系统和控制系统三个基本部分组成（见图2-1），是一种仿人操作、自动控制、可重复编程、能在三维空间完成各种作业的机电一体化的自动化生产设备。本体即机座和执行机构，包括臂部、腕部和手部，部分机器人还有行走机构。大多数工业机器人有3~6个运动自由度，其中腕部通常有1~3个运动自由度；驱动系统包括动力装置和传动机构，用以使执行机构产生相应的动作；控制系统是按照输入的程序对驱动系统和执行机构发出指令信号，并进行控制。

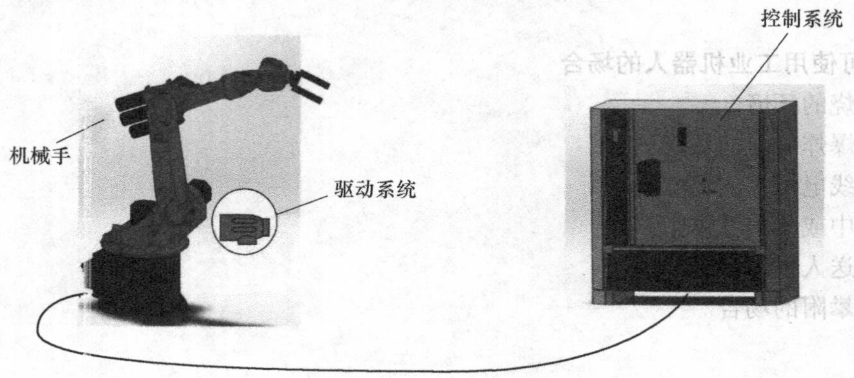

图2-1　工业机器人基本组成

2.1　机械手

2.1.1　机械手的自由度

自由度也称坐标轴数，是指描述物体运动所需要的独立坐标数。

1. 刚体的自由度

物体上任何一点都与坐标轴的正交集合有关。物体能够对坐标系进行独立运动的数目称为自由度（Degree of Freedom，DOF）。物体所能进行的运动（见图2-2）包括：

沿着坐标轴OX、OY和OZ的三个平移运动T_1、T_2和T_3。

绕着坐标轴OX、OY和OZ的三个旋转运动R_1、R_2和R_3。

这意味着物体能够运用三个平移和三个旋转，相对于坐标系定向运动。

一个简单物体有六个自由度。当两个物体间确立起某种关系时，每一物体就对另一物体失去一些自由度。这种关系也可以用两物体间由于建立连接关系而不能进行的移动或转动来表示。

2. 机器人的自由度

人们期望机器人能够以准确的方位把它的端部执行装置或与它连接的工具移动到给定

点。机器人机械手的手臂一般具有三个自由度，其他的自由度数为末端执行装置所具有。如图 2-3 所示，机械手是由六个转轴组成的空间六杆开链机构，有三个基轴（轴 1、轴 2、轴 3）和三个臂轴（轴 4、轴 5、轴 6），六个自由度，即分别为沿 X 轴、Y 轴、Z 轴的平移和绕 X 轴、Y 轴、Z 轴的转动。理论上可达到运动范围内空间任何一点。

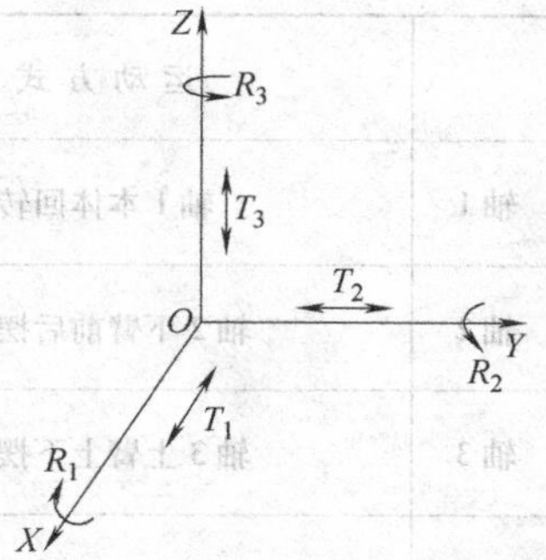

图 2-2　刚体运动的六个自由度

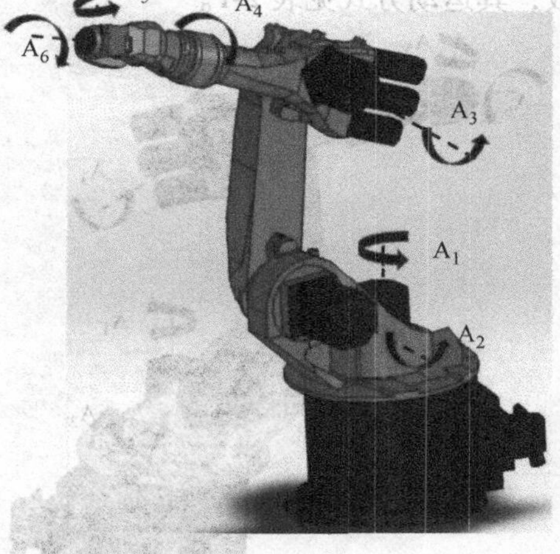

图 2-3　机器人的自由度

2.1.2　机械手的坐标系

机器人是由运动轴和连杆组成的，而其运动方式是在不同的坐标系下进行的，为了掌握机器人的示教方法，应首先了解机器人的坐标系及各运动轴在不同坐标系下的运动。如图 2-4 所示，在大部分商用机器人系统中，主要有关节坐标系、绝对坐标系（直角坐标系）、圆柱坐标系、工具坐标系和用户坐标系。机器人根据不同的作业轨迹要求在这五种坐标系下运动。

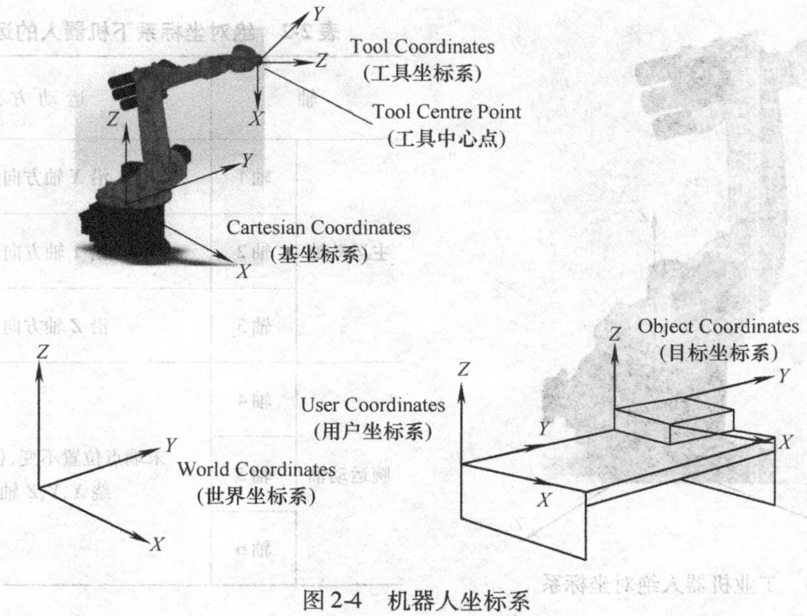

图 2-4　机器人坐标系

1. 关节坐标系

机器人由多个运动关节组成，机械手的每一个轴都可以进行独立的操作，各个关节都可以独立运动，如图 2-5 所示。对运动范围大且不要求机器人末端姿态的情况，建议选用关节坐标系。在关节坐标系下，每个轴可单独运动，通过示教器上相应的键控制机器人的各个轴示教，其运动方式见表 2-1。

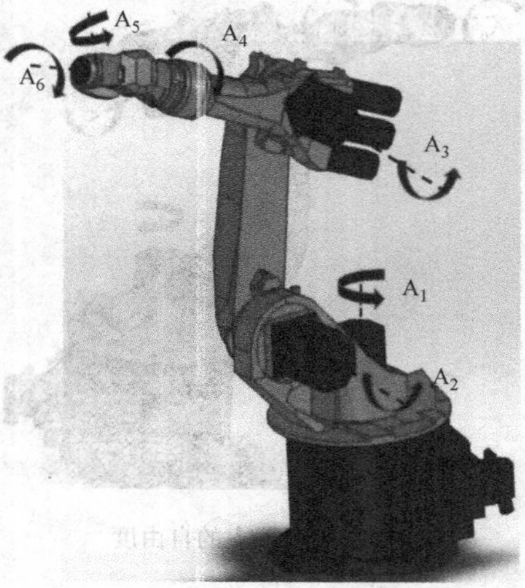

图 2-5　关节坐标系下各个轴的运动

表 2-1　关节坐标系下机器人的运动方式

轴		运动方式
主运动轴	轴 1	轴 1 本体回转
	轴 2	轴 2 下臂前后摆动
	轴 3	轴 3 上臂上下摆动
腕运动轴	轴 4	轴 4 上臂回转
	轴 5	轴 5 手腕上下摆动
	轴 6	轴 6 手腕回转

2. 绝对坐标系

如图 2-6 所示，绝对坐标系的原点定义为机器人的安装面和第一转动轴的交点。X 轴向前，Z 轴向上，Y 轴按右手规则定义。在绝对坐标系下，机器人末端轨迹沿定义的 X、Y、Z 方向运动，其运动方式见表 2-2。

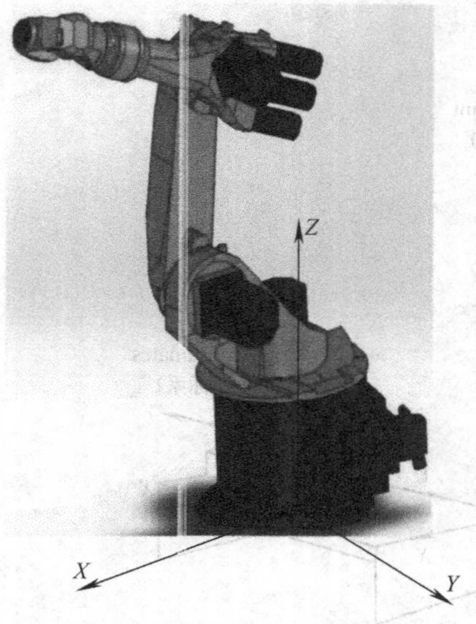

图 2-6　工业机器人绝对坐标系

表 2-2　绝对坐标系下机器人的运动方式

轴		运动方式
主运动轴	轴 1	沿 X 轴方向运动
	轴 2	沿 Y 轴方向运动
	轴 3	沿 Z 轴方向运动
腕运动轴	轴 4	末端点位置不变，机器人分别绕 X、Y、Z 轴转动
	轴 5	
	轴 6	

3. 圆柱坐标系

圆柱坐标系的原点与绝对坐标系的相同，Z 轴向上，θ 方向为本体轴 1 转动方向，r 轴平行于本体轴 2，如图 2-7 所示。其运动方式见表 2-3。

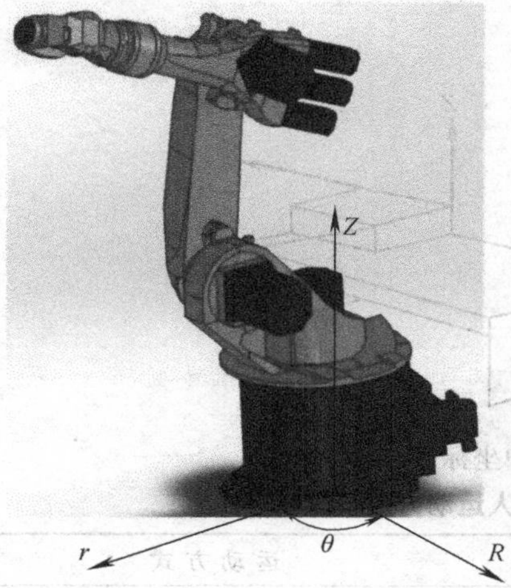

图 2-7　工业机器人圆柱坐标系

表 2-3　圆柱坐标系下机器人的运动方式

轴		运动方式
主运动轴	θ 轴	绕轴 1 转动
	r 轴	垂直 Z 轴运动
	轴 3	沿 Z 轴方向运动
腕运动轴	轴 4	末端点位置不变，机器人分别绕 X、Y、Z 轴转动
	轴 5	
	轴 6	

4. 工具坐标系

工具坐标系定义在工具尖，并且假定工具的有效方向为 Z 轴，X 轴垂直于工具平面，Y 轴由右手规则产生，如图 2-8 所示。

在工具坐标系中，机器人末端轨迹沿工具坐标的 X、Y、Z 轴方向运动，机器人的运动方式见表 2-4。

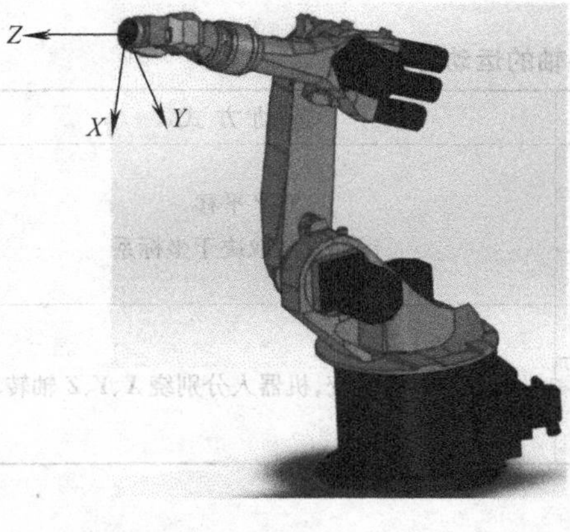

图 2-8　工具坐标系及各轴的运动

表 2-4　工具坐标系下机器人的运动方式

轴		运动方式
主运动轴	六轴联动	沿 X 轴方向运动
		沿 Y 轴方向运动
		沿 Z 轴方向运动
腕运动轴	末端点位置不变，机器人分别绕 X、Y、Z 轴转动	

5. 用户坐标系

用户坐标系是用户根据工作的需要，自行定义的坐标系，用户可根据需要定义多个坐标系，如图 2-9 所示。

在用户坐标系下，机器人末端轨迹沿用户自己定义的坐标轴方向运动，其运动方式见表 2-5。

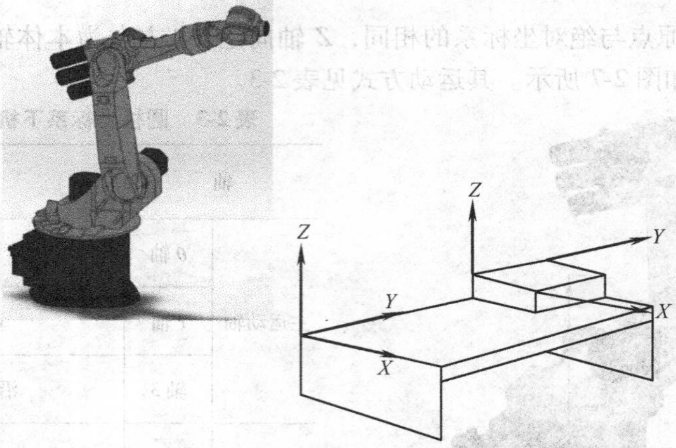

图 2-9　工业机器人用户坐标系

表 2-5　用户坐标系下机器人运动方式

轴		运动方式
主运动轴	六轴联动	沿用户定义的 X 轴方向运动
		沿用户定义的 Y 轴方向运动
		沿用户定义的 Z 轴方向运动
腕运动轴	末端点位置不变，机器人分别绕 X、Y、Z 轴转动	

TCP（工具控制点）固定功能：除了关节坐标系外，在其他坐标系下都有 TCP 固定功能，即在工具控制点位置保持不变的情况下，只改变工具的方向（姿态）。在 TCP 固定功能下各轴的运动方式见表 2-6。

表 2-6　TCP 固定功能下各轴的运动方式

轴		运动方式
主运动轴	轴 1	TCP 平移 运动方向取决于坐标系
	轴 2	
	轴 3	
腕运动轴	轴 4	末端点位置不变，机器人分别绕 X、Y、Z 轴转动
	轴 5	
	轴 6	

注：在不同坐标系下腕运动轴的转动方向是不同的。

2.1.3　机械手的组成

工业机器人机械本体即机械手包括手部、手腕、手臂和立柱等部件，有的还增设行走机构。

1. 手部

手部指机器人上与工件接触的部件。由于与工件接触的形式不同，可分为夹持式和吸附式两类。夹持式手部由手指（或手爪）和传力机构所构成。手指是与物件直接接触的构件。

常用的手指运动形式有回转型和平移型两种类型。回转型手指结构简单，容易制造，故应用较广泛；平移型结构比较复杂，故应用较少，但平移型手指夹持圆形零件时，工件直径变化不影响其轴心的位置，因此适宜夹持直径变化范围大的工件。

手指结构取决于被抓取物件的表面形状、被抓部位（外廓或是内孔）和工件的重量及尺寸。常用的指形有平面式、V 形面式和曲面式；手指有外夹式和内撑式；指数有双指式、多指式和双手双指式等。

传力机构通过手指产生夹紧力来完成夹放物件的任务。传力机构型式较常用的有：滑槽杠杆式、连杆杠杆式、斜面杠杆式、齿轮齿条式、丝杠螺母式、弹簧式和重力式等。

2. 手腕

手腕是连接手部和手臂的部件，并可用来调整被抓取物件的姿态，扩大机械手的动作范围，并使机械手变得更灵巧，适应性更强。手腕有独立的自由度。运动形式有回转运动、上下摆动、左右摆动。一般腕部只要能在回转运动的基础上再增加一个上下摆动即可满足工作要求。为了简化结构，有些动作较为简单的专用机械手可以不设腕部，而直接用臂部运动驱动手部搬运工件。

目前，应用最为广泛的手腕回转运动机构为回转液压（气）缸，它的结构紧凑，灵巧但回转角度小，并且要求严格密封，否则就难保证稳定的输出转矩。因此在要求较大回转角的情况下，可采用齿条传动或链轮以及轮系结构。

3. 手臂

手臂是支撑被抓物件、手部和手腕的重要握持部件，带动手指抓取物件并按预定要求将其搬运到指定的位置。工业机械手的手臂通常由驱动手臂运动的部件（如液压缸、气缸、齿轮齿条机构、连杆机构、螺旋机构和凸轮机构等）与驱动源（如液压、气压或电动机等）相配合，以实现手臂的各种运动。为了防止绕其轴线转动，手臂在进行伸缩或升降运动时，都需要有导向装置，以保证手指按正确方向运动。此外，导向装置还能承担手臂所受的弯曲力矩和扭转力矩以及手臂回转运动时在启动、制动瞬间产生的惯性力矩，使运动部件受力状态简单。

臂部运动的目的是把手部送到空间运动范围内任意一点。若要改变手部的姿态（方位），则用腕部的自由度加以实现。因此，一般来说臂部具有三个自由度才能满足基本要求，即手臂的伸缩、左右旋转、升降（或俯仰）运动。

手臂的各种运动通常用驱动机构（如液压缸或者气缸）和各种传动机构来实现。从臂部的受力情况分析，它在工作中承受腕部、手部和工件的静、动载荷，而且自身运动较多，受力复杂。因此，手臂的结构、工作范围、灵活性、抓重大小和定位精度直接影响机械手的工作性能。

4. 立柱

立柱是支撑手臂的部件。立柱也可以是手臂的一部分，手臂的回转运动和升降（或俯仰）运动均与立柱有密切的联系。机械手的立柱通常固定不动，但因工作需要有时也可作横向移动，即称为可移式立柱。

5. 行走机构

当工业机械手需要完成较远距离的操作或扩大使用范围时，可在机座上安装滚轮、轨道等行走机构，实现工业机械手的整机运动。滚轮式行走机构可分为有轨和无轨两种。驱动滚轮运动则应另外增设机械传动装置。

6. 机座

机座是机械手的基础部分。机械手执行机构的各部件和驱动系统均安装于机座上，故起支撑和连接的作用。

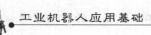

2.1.4 机械手的分类

1. 按臂部的运动形式分类

直角坐标型：臂部可沿三个直角坐标移动，其运动由三个相互垂直的直线移动（即PPP）组成，其工作空间几何形状为长方形。臂部在各个轴向的移动距离，可在各个坐标轴上直接读出，直观性强，易于位置和姿态的编程计算，定位精度高，结构简单，但机体所占空间体积大，动作范围小，灵活性差，难与其他工业机器人协调工作。

圆柱坐标型：臂部可作升降、回转和伸缩动作，其运动形式通过一个转动和两个移动组成的运动系统实现（即RPP，一个回转，一个升降和一个伸缩运动），其工作空间几何形状为圆柱。与直角坐标型工业机器人相比，在相同的工作空间条件下，机体所占体积小，运动范围大，其位置精度仅次于直角坐标型机器人，但难与其他工业机器人协调工作。

球坐标型：臂部能回转、俯仰和伸缩，又称极坐标型工业机器人，其手臂的运动由两个转动和一个直线移动（即RRP，一个回转，一个俯仰和一个伸缩运动）所组成，其工作空间几何形状为球体，它可以作上下俯仰动作并能抓取地面上或较低位置的工件，其位置精度高，位置误差与臂长成正比。

多关节型：臂部有多个转动关节，又称回转坐标型工业机器人，这种工业机器人的手臂与人体上肢类似，其前三个关节是旋转副（即RRR），该工业机器人一般由立柱和大小臂组成，立柱与大臂间形成肩关节，大臂和小臂间形成肘关节，可使大臂做回转运动和俯仰摆动、小臂做俯仰摆动。其结构最紧凑，灵活性大，占地面积最小，能与其他工业机器人协调工作，但位置精度较低，有平衡问题，这种工业机器人应用越来越广泛。

平面关节型：它采用一个移动关节和两个回转关节（即PRR），移动关节实现上下运动，而两个回转关节则控制前后、左右运动。这种形式的工业机器人又称（SCARA，Selective Compliance Assembly Robot Arm）装配机器人，在水平方向具有柔顺性，而在垂直方向则有较大的刚性。它结构简单，动作灵活，多用于装配作业中，特别适合小规格零件的插接装配，在电子工业的插接、装配中应用广泛。

2. 按执行机构运动的控制机能分类

点位型：控制执行机构由一点到另一点的准确定位，适用于机床上下料、点焊、普通搬运、装卸等作业，它的运动为空间点到点之间的移动，只能控制运动过程中几个点的位置，不能控制其运动轨迹。若欲控制的点数多，则必然增加电气控制系统的复杂性。目前使用的专用和通用工业机械手均属于此类。

连续轨迹型：控制执行机构按给定轨迹运动，适用于连续焊接和涂装等作业。它的运动轨迹为空间的任意连续曲线，其特点是设定点为无限的，整个移动过程处于控制之下，可以实现平稳和准确的运动，并且使用范围广，但电气控制系统复杂。这类工业机械手一般采用小型计算机进行控制。

3. 按程序输入方式分类

编程输入型：以穿孔卡、穿孔带或磁带等信息载体，输入已编好的程序。

示教输入型：示教方法有两种，一种是由操作者用手动控制器（示教编程器），将指令信号传给驱动系统，使执行机构按要求的动作顺序和运动轨迹操演一遍；另一种是由操作者直接引导执行机构，按要求的动作顺序和运动轨迹操演一遍。在示教过程的同时，工作程序的信息即自动存入程序存储器中。在机器人自动工作时，控制系统从程序存储器中检出相应信息，将指令信号传给驱动机构，使执行机构再现示教的各种动作。示教输入程序的工业机器人称为示教再现型工业机器人。

智能型：具有触觉、力觉或简单的视觉的工业机器人，能在较为复杂的环境下工作，若在此基础上增加识别功能或自适应、自学习的功能，即成为智能型工业机器人。它能按照人给的“宏指令”自选或自编程序去适应环境，并自动完成更为复杂的工作。

4. 按用途分类

专用机械手：附属于主机的、具有固定程序而无独立控制系统的机械装置。专用机械手具有动作少、工作对象单一、结构简单、使用可靠和造价低等特点，适用于自动机床，自动线的上、下料机械手和机加工中心等批量自动化生产的自动换刀装置。

通用机械手：一种具有独立控制系统、程序可变、动作灵活多样的机械手。通用机械手的工作范围大、定位精度高、通用性强，适用于不断变换生产品种的中小批量自动化生产。通用机械手按其控制定位的方式不同可分为简易型和伺服型两种。简易型以“开—关”式控制定位，只能是点位控制；伺服型具有伺服系统定位控制系统，可以点位控制，也可以实现连续轨迹控制。一般伺服型通用机械手属于数控类型。

5. 按驱动方式分类

气压传动机械手：以压缩空气的压力来驱动执行机构运动的机械手。其主要特点是：空气来源极为方便，气动动作迅速，结构简单，但输出力小，成本低，无污染。但是，由于空气具有可压缩的特性，工作速度的稳定性较差，冲击大，而且气源压力较低（一般只有6kPa 左右），因此这类工业机器人抓举力较小，一般只有几十牛顿，最大百余牛顿。在同样抓重条件下，气压传动机械手比液压机械手的结构大，一般适用于高速、轻载、高温和粉尘大的工作环境。

液压传动机械手：以液压的压力来驱动执行机构运动的机械手。其主要特点是：具有较大的抓举能力，可达上千牛顿，传动平稳、结构紧凑、动作灵敏。但对密封装置要求严格，不然油的泄漏对机械手的工作性能有很大的影响，且不宜在高温、低温下工作。若机械手采用电液伺服驱动系统，可实现连续轨迹控制，使机械手的通用性扩大，但是电液伺服阀的制造精度高，油液过滤要求严格，成本高。

机械传动机械手：由机械传动机构（如凸轮、连杆、齿轮和齿条、间歇机构等）驱动的机械手。它是一种附属于工作主机的专用机械手，其动力由工作机械传递。它的主要特点是运动准确可靠，动作频率大，但结构较大，动作程序不可变。它常被用于工作主机的上、下料。

电力传动机械手：由特殊结构的感应电动机、直线电动机或功率步进电动机直接驱动执行机构运动的机械手。因为不需要中间的转换机构，故机械结构简单。其中直线电动机机械手的运动速度快和行程长，维护和使用方便。

2.1.5 机械手的主要技术参数

工业机器人的种类、用途以及用户要求都不尽相同，但工业机器人的主要技术参数应包括以下几种：自由度、精度、作业范围、最大工作速度和承载能力。

1. 自由度

自由度（Degree Of Freedom）是指机器人所具有的独立坐标轴运动的数目，不包括末端执行器的开合自由度。机器人的一个自由度对应一个关节，所以自由度与关节的概念是相等的，如图2-3所示。自由度是表示机器人动作灵活程度的参数，自由度越多就越灵活，但结构也越复杂，控制难度越大，所以机器人的自由度要根据其用途设计，一般在3~6个之间。大于6个的自由度称为冗余自由度。冗余自由度增加了机器人的灵活性，可方便机器人避开障碍物和改善机器人的动力性能。人类的手臂（大臂、小臂、手腕）共有7个自由度，所以工作起来很灵巧，可回避障碍物，并可从不同的方向到达同一个目标位置。

2. 定位精度和重复定位精度

定位精度和重复定位精度是机器人的两个精度指标。定位精度是指机器人末端执行器的实际位置与目标位置之间的偏差，由机械误差、控制算法与系统分辨率等部分组成。重复定位精度是指在同一环境、同一条件、同一目标动作、同一命令之下，机器人连续重复运动若干次时，其位置的分散情况，是关于精度的统计数据。因重复定位精度不受工作载荷变化的影响，故通常用重复定位精度这一指标作为衡量示教—再现工业机器人水平的重要指标，如图2-10所示。

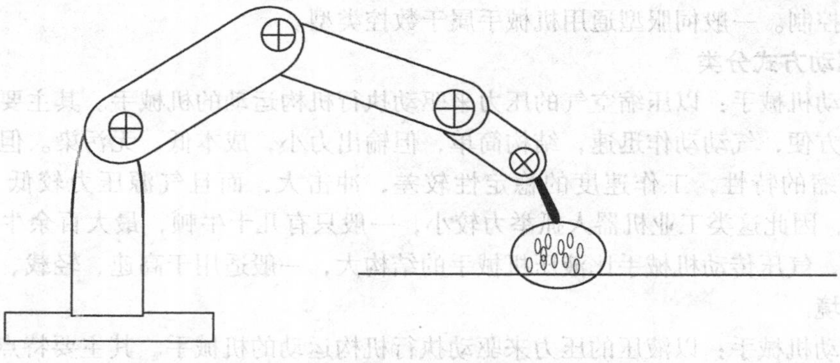

图2-10 工业机器人重复定位精度的典型情况

3. 作业范围

作业范围是机器人运动时手臂末端或手腕中心所能到达的所有点的集合，也称为工作区域。由于末端执行器的形状和尺寸是多种多样的，为真实反映机器人的特征参数，故作业范围是指不安装末端执行器时的工作区域。作业范围的大小不仅与机器人各连杆的尺寸有关，而且与机器人的总体结构形式有关，如图2-11所示。

作业范围的形状和大小是十分重要的，机器人在执行某作业时可能会因存在手部不能到达的盲区（Dead Zone）而不能完成任务。

4. 最大工作速度

生产机器人的厂家不同，其所指的最大工作速度也不同。有的厂家指工业机器人主要自由度上最大的稳定速度，有的厂家指手臂末端最大的合成速度，对此通常都会在技术参数中加以说明。最大工作速度愈高，其工作效率就愈高。但是，工作速度高就要花费更多的时间加速或减速，或者说对工业机器人的最大加速率或最大减速率的要求就更高。

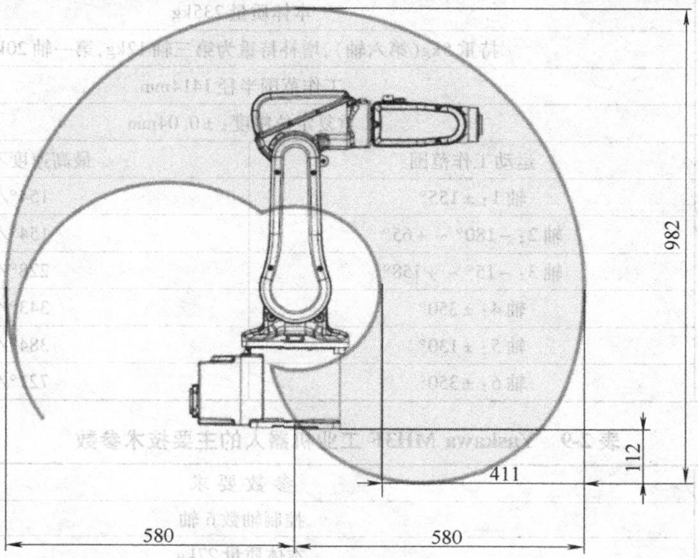

图 2-11　工业机器人作业范围示意图

5. 承载能力

承载能力是指机器人在作业范围内的任何位姿上所能承受的最大质量。承载能力不仅取决于负载的质量，而且与机器人运行的速度和加速度的大小和方向有关。为保证安全，将承载能力这一技术指标确定为高速运行时的承载能力。通常，承载能力不仅指负载质量，也包括机器人末端执行器的质量。

表 2-7 ~ 表 2-10 提供了几种主流工业机器人的主要技术参数。

表 2-7　ABB IRB 120 工业机器人的主要技术参数

名　　称	参数要求	
ABB IRB 120	控制轴数 6 轴	
	本体质量 25kg	
	有效载荷 3kg(手腕垂直向下时不小于 4kg)	
	工作范围半径 580mm	
	重复定位精度：±0.01mm	
	运动工作范围	最高速度不小于
	轴 1：±165°	250°/s
	轴 2：±110°	250°/s
	轴 3：−90° ~ +70°	250°/s
	轴 4：±160°	320°/s
	轴 5：±120°	320°/s
	轴 6：±400°	420°/s

表 2-8 KUKA KR16 工业机器人的主要技术参数

名称	参数要求	
KUKA KR16	控制轴数 6 轴	
	本体质量 235kg	
	持重 5kg(第六轴),增补持重为第三轴 12kg,第一轴 20kg	
	工作范围半径 1414mm	
	重复定位精度: ±0.04mm	
	运动工作范围	最高速度不小于
	轴 1: ±155°	154°/s
	轴 2: −180° ~ +65°	154°/s
	轴 3: −15° ~ +158°	228°/s
	轴 4: ±350°	343°/s
	轴 5: ±130°	384°/s
	轴 6: ±350°	721°/s

表 2-9 Yaskawa MH3F 工业机器人的主要技术参数

名称	参数要求	
Yaskawa MH3F	控制轴数 6 轴	
	本体质量 27kg	
	手腕部可搬运质量 3kg	
	工作范围半径 532mm	
	重复定位精度: ±0.03mm 以内	
	运动工作范围	最高速度不小于
	轴 1: ±160°	200°/s
	轴 2: −85° ~ +90°	150°/s
	轴 3: −105° ~ +260°	190°/s
	轴 4: ±170°	300°/s
	轴 5: ±120°	300°/s
	轴 6: ±360°	420°/s

表 2-10 OTC NV62-NCFN 工业机器人的主要技术参数

名称	参数要求	
OTC NV62-NCFN	控制轴数 6 轴	
	手腕部可搬运质量 6kg	
	工作范围:水平方向 2800mm,垂直方向 2430mm	
	重复定位精度: ±0.08mm	
	运动工作范围	最高速度不小于
	轴 1: −50° ~170°	210°/s
	轴 2: −90° ~155°	210°/s
	轴 3: −170° ~190°	210°/s
	轴 4: ±180°	420°/s
	轴 5: −50° ~230°	420°/s
	轴 6: ±360°	620°/s

2.2 驱动系统

机器人的驱动系统是直接驱使各运动部件动作的机构，对工业机器人的性能和功能影响很大。工业机器人的动作自由度多，运动速度较快，驱动元件本身大多安装在活动机架（手臂和转台）上。这些特点要求工业机器人驱动系统的设计必须做到外形小、质量轻、工作平稳可靠。另外，由于工业机器人能任意多点定位，工作程序又能灵活改变，所以在一些比较复杂的机器人中通常采用伺服系统。

机器人关节驱动方式有液压式、气动式和电动式。

1. 液压驱动

机器人的液压驱动是以有压力的油液作为传递的工作介质，来实现机器人的动力传递和控制。电动机带动油泵输出压力油，将电动机供给的机械能转换成油液的压力能，压力油经过管道及一些控制调节装置等进入油缸，推动活塞杆，从而使手臂产生收缩、升降等运动，将油液的压力能又转换成机械能。

手臂在运动时所能克服的摩擦阻力大小，以及夹持式手部夹紧工件时所需保持的握力大小，均与油液的压力和活塞的有效工作面积有关，手臂做各种动作的速度决定于流入密封油缸中油液流量的大小。

（1）液压系统的组成

1）液压泵：供给液压驱动系统压力油，将电动机输出的机械能转换为传动液的压力能，用带有压力的传动液驱动整个液压系统的工作。

2）液动机：由传动液驱动运动部件对外工作的部分。手臂作直线运动，液动机就是手臂伸缩液压缸。作回转运动的液动机，一般叫作液压马达，回转角度小于 360°的液动机，一般叫回转液压缸（或摆动液压缸）。

3）控制调节装置：各种阀类，如单向阀、换向阀、节流阀、调速阀、减压阀、顺序阀等，分别起一定的作用，使机器人的手臂、手腕、手指等能够完成所要求的运动。

4）辅助装置：如油箱、过滤器、储能器、管路和管接头以及压力表等。

（2）液压驱动系统的特点

1）能得到较大的输出力或力矩。一般情况下，得到 20 ~ 70kgf/cm²[⊖] 的油液压力是比较容易的，而通常工厂的压缩空气均为 4 ~ 6kgf/cm²。因此，在活塞面积相同的条件下，液压机械手比气动机械手负荷大得多。液压机械手搬运质量已达到 800kg 以上，而气压机械手一般小于 30kg。

2）滞后现象小，反应较灵敏，传动平稳。与空气相比，油液的压缩性极小，故传动的滞后现象小，传动平稳。气压传动虽易得到较大速度（1m/s 以上），但空气黏性比较低，传动冲击较大，不利于精确定位。

3）输出力和运动速度控制较容易。输出力和运动速度在一定的液压缸结构尺寸下，主要取决于传动液的压力和流量，通过调节相应的压力和流量控制阀，能比较方便地控制输出功率。

⊖ 1kgf/cm² ≈98. 1MPa。

4）可达到较高的定位精度。目前一般液压机器人，在速度低于100mm/s，抓取物较轻时，采用适宜的缓冲措施和定位方式，定位精度可达±1～±0.002mm。若采用电液伺服系统控制，不仅定位精度高，而且可连续任意定位，适用于高速、重负荷的通用机器人。

5）系统的泄漏难以避免，影响工作效率和系统的工作性能。对机器人的工作要求越多，对密封装置和配合制动精度的要求就越多、越高。

6）传动液的黏度对温度的变化很敏感。当传动液温升高时，传动液的黏度显著降低，传动液黏度的变化直接影响液压系统的性能和泄漏量。另外在高温条件下工作时，必须注意避免传动液着火等危险。

2. 气动驱动

气动驱动机器人是指以压缩空气为动力源驱动的机器人。

（1）气动驱动系统的组成

1）气源系统。压缩空气是保证气压系统正常工作的动力源。一般工厂均设有压缩空气站。压缩空气中含有水汽，油气和灰尘，这些杂质如果被直接带入储气罐、管道及气动元件和装置中，会引起腐蚀、磨损、阻塞等一系列问题，从而造成气动系统效率和寿命降低、控制失灵等严重后果。压缩空气站的设备主要是空气压缩机和气源净化辅助设备。

气源净化辅助设备包括后冷却器、油水分离器、储气罐、干燥器、过滤器等。

后冷却器：安装在空气压缩机出口处的管道上，它的作用是使压缩空气降温。因为一般工作压力为$8kgf/cm^2$的空气压缩机排气温度高达140～170℃，压缩空气中所含的水和油（气缸润滑油混入压缩空气）均为气态。经后冷却器降温至40～50℃后，水汽和油汽凝聚成水滴和油滴，再经油水分离器析出。

油水分离器：将水、油分离出去。

储气罐：存储较大量的压缩空气，以供给气动装置连续稳定的压缩空气，并可减少由于气流脉动所造成的管道振动。

过滤器：过滤空气是为了得到纯净而干燥的压缩空气能源。一般气动控制元件对空气的过滤要求比较严格，常采用简易过滤器过滤后，再经分水滤气器二次过滤。

2）气动执行机构。气动执行机构包括气缸、气动马达。

气缸：将压缩空气的压力能转换为机械能的一种能量转换装置。它可以输出力，驱动工作部分作直线往复运动或往复摆动。

气动马达（气马达）：将压缩空气的压力能转变为机械能的能量转换装置。它输出力矩，驱动机构做回转运动。

气动马达和液压马达比较，具有长时间工作温升很小，输送系统安全便宜，以及可以瞬间升到全速等优点。

气动马达功率由几分之一到几十马力（1马力＝735.499W），转速由零到每分钟几万转，适应的工作范围较广，常用于无级调速、经常变向转动、高温、潮湿、防爆等工作场合。

3）空气控制阀和气动逻辑元件。空气控制阀是气动控制元件，它的作用是控制和调节气路系统中压缩空气的压力、流量和方向，从而保证气动执行机构按规定的程序正常地进行工作。

空气控制阀有压力控制阀、流量控制阀和方向控制阀三类。

气动逻辑元件通过可动部件的动作，进行元件切换而实现逻辑功能。传统的电器元件应用在自动控制系统中具有很多优点，但是在工作次数极为频繁时，电磁阀或继电器的寿命不易满足要求，其工作时产生的电火花会引起爆炸或火灾。因此，在全气动控制系统中采用气动逻辑元件，给自动控制系统提供了简单、经济、可靠和寿命长的新途径。

（2）气动驱动系统的特点　气动驱动系统存在以下优点：

1）空气取之不竭，用过之后排入大气，不需回收和处理，不污染环境，偶然地或少量地泄漏不至于对生产造成严重的影响。

2）空气的黏性很小，管路中压力损失也就很小（一般气路阻力损失不到油路阻力损失的千分之一），便于远距离输送。

3）压缩空气的工作压力较低，因此对气动元件的材质和制造精度要求可以降低。一般说来，往复运动推力在2t（19620N）以下时，用气动经济性较好。

4）与液压传动相比，它的动作和反应较快，这是气动的突出优点之一。

5）空气介质清洁，亦不会变质，管路不易堵塞。

6）可安全地应用在易燃、易爆和粉尘大的场合，便于实现过载自动保护。

气动驱动系统存在以下缺点：

1）气控信号比电子和光学控制信号慢得多，它不能用在信号传递速度要求很高的场合。

2）由于空气的可压缩性，致使气动工作的稳定性差，因而造成执行机构运动速度和定位精度不易控制。

3）由于使用气压较低、输出力不可能太大，为了增加输出力，必然将整个气动系统的结构尺寸加大。

4）气动的效率较低，这是由于空气压缩机的效率为55%，压缩空气用过之后排空又损失了一部分能量的原因。

3. 电动驱动系统

电动驱动（电气驱动）是利用各种电动机产生的力或力矩，直接经过减速机构去驱动机器人的关节，以获得所要求的位置、速度和加速度。

电动机驱动可分为普通交、直流电动机驱动，交、直流伺服电动机驱动和步进电动机驱动。

普通交、直流电动机驱动需加装减速装置，输出力矩大，但控制性能差，惯性大，适用于中型或重型机器人。

伺服电动机和步进电动机输出力矩相对小，控制性能好，可实现速度和位置的精确控制，适用于中小型机器人。

交、直流伺服电动机一般用于闭环控制系统，而步进电动机主要用于开环控制系统，一般用于速度和位置精度要求不高的场合。

（1）步进电动机驱动　步进电动机是一种将电脉冲信号转换成相应的角位移或直线位移的数字/模拟装置。

步进电动机有回转式步进电动机和直线式步进电动机。对于回转式步进电动机，每当一个电脉冲输入后，步进电动机输出轴就转动一定角度，如果不断地输入电脉冲信号，步进电动机就一步步地转动，且步进电动机转过的角度与输入脉冲个数成严格比例关系，能方便地实现正、反转控制及调速和定位。

步进电动机不同于通用的直流和交流电动机，它必须与驱动器和直流电源组成系统才能工作。通常我们所说的步进电动机，一般是指步进电动机和驱动器的成套装置，步进电动机的性能在很大程度上取决于“矩—频”特性，“矩—频”特性又和驱动器的性能高低密切相关。

驱动器，又称驱动电源，包括脉冲分配器和功率放大器。

脉冲分配器根据指令将脉冲信号按一定的逻辑关系输入功率放大器，使各相绕组按一定的顺序和时间导通和切断，并根据指令使电动机正转、反转，实现确定的运行方式。

步进电动机驱动的特点：

1）输出角与输入脉冲严格成比例，且在时间上同步。步进电动机的步距角不受各种干涉因素，如电压的大小、电流的数值、波形等影响，转子的速度主要取决于脉冲信号的频率，总的位移量则取决于总脉冲数。

2）容易实现正反转和启、停控制，启停时间短。

3）输出转角的精度高，无积累误差。步进电动机实际步距角与理论步距角总有一定的误差，且误差可以累加，但当步进电动机转过一周后，总的误差又回到零。

4）直接用数字信号控制，易于通过计算机实现控制。

5）维修方便，寿命长。

（2）直流伺服电动机驱动　在 20 世纪 80 年代以前，机器人广泛采用永磁式直流伺服电动机作为执行机构。近年来，直流伺服电动机受到无刷电动机的挑战和冲击，但在中小功率的系统中，永磁式直流伺服电动机的应用比例仍较高。

20 世纪 70 年代研制了大惯量宽调速直流电动机，可输出较大转矩，且动态特性也得到了改善，既具有一般直流伺服电动机的优点，又具有小惯量直流伺服电动机的快速响应性能，易与大惯量负载匹配，能较好地满足伺服驱动的要求，因而在高精度数控机床和工业机器人等机电一体化产品中得到了广泛应用。

直流伺服电动机的优点是启动转矩大，体积小，重量轻，转速易控制，效率高。缺点是有电刷和换向器，需要定期维修、更换电刷，电动机使用寿命短、噪声大。

（3）无刷伺服电动机驱动　直流电动机在结构上存在机械换向器和电刷，使它具有一些难以克服的固有缺点，如维护困难，寿命短，转速低（通常低于 2000r/min），功率体积比不高等。将交流电动机的定子和转子互换位置，形成无刷电动机。转子由永磁铁组成，定子绕有通电线圈，并安装用于检测转子位置的霍尔元件、光码盘或旋转编码器。无刷电动机的检测元件检测转子的位置，决定电流的换向。无刷直流电动机在运行过程中要进行转速和换向两种控制。通过改变提供给定子线圈的电流，就可以控制转子的转速，在转子到达指定位置时，霍尔元件检测到该位置，并改变定子导通相，实现定子磁场改变，从而实现无接触换向。同直流电动机相比，无刷电动机具有以下优点：

1）无刷电动机没有电刷，不需要定期维护，可靠性更高。

2）没有机械换向装置，因而有更高的转速。

3）克服大电流在机械式换向器换向时易产生火花、电蚀的问题，因而可以制造更大容量的电动机。

无刷电动机分为无刷直流电动机和无刷交流电动机（交流伺服电动机）。无刷直流电动机迅速推广应用的重要因素之一是近 10 多年来大功率集成电路的技术进步，特别是无刷直流电动机专用的控制集成电路出现，缓解了良好控制性能和昂贵成本的矛盾。

近年来，在机器人电动驱动系统中，交流伺服电动机正在取代传统的直流伺服电动机。交流伺服电动机的发展速度取决于 PWM 控制技术，高速运算芯片（如 DSP）和先进的控制理论，如矢量控制、直接转矩控制等。电动机控制系统通过引入微处理芯片实现模拟控制向数字控制的转变，数字控制系统促进了各种现代控制理论的应用，非线性解耦控制、人工神经网络、自适应控制、模糊控制等控制策略纷纷引入电动机控制中。由于微处理器的处理速度和存储容量均有大幅度的提高，一些复杂的算法也能实现，原来由硬件实现的任务现在通过算法实现，不仅提高了可靠度，还降低了成本。

综上所述，液压驱动、气动驱动和电动机驱动的比较见表 2-11。

表 2-11　各种驱动方式比较

内　　容	驱动方式		
	液压驱动	气动驱动	电动机驱动
输出功率	很大，压力范围为 50～140Pa	较大，压力范围为 48～60Pa	较大
控制性能	利用液体的不可压缩性，控制精度较高，输出功率大，可无级调速，反应灵敏，可实现连续轨迹控制	气体压缩性大，精度低，阻尼效果差，低速不易控制，难以实现高速、高精度的连续轨迹控制	伺服特性好，控制精度高，功率较大，定位精确，反应灵敏，可实现高速、高精度的连续轨迹控制，但控制系统复杂
响应速度	结构适当，执行机构可标准化、模块化，易实现直接驱动。功率/质量比大，体积小，结构紧凑	结构适当，执行机构可标准化、模块化，易实现直接驱动。功率/质量比大，体积小，结构紧凑	伺服电机易于标准化，结构性能好，噪声低，电动机一般需配置减速装置，难以直接驱动，结构紧凑
密封性	密封问题较大	密封问题较小	无密封问题
安全性	防爆性能较好，用液压油作传动介质，在一定条件下有火灾危险	防爆性能好，高于 1000kPa 时，应注意设备的抗压性	设备自身无爆炸和火灾危险
环境影响	液压系统易漏油，对环境有污染	排气时有噪声	无
成本	成本较高	成本低	成本高
维修	方便，但油液对环境温度有一定要求	方便	不方便
工业应用	适用于重载、低速驱动，电液伺服系统适用于喷涂机器人、点焊机器人和托运机器人等	适用于中小负载驱动、精度要求较低的有限点位程序控制机器人，如冲压机器人本体的气动平衡及装配机器人气动夹具	适用于中小负载、要求具有较高的位置控制精度和轨迹控制精度、速度较高的机器人，如喷涂机器人、点焊、弧焊机器人、装配机器人等

电动机驱动方式的比较见表 2-12。

表 2-12　电机驱动方式比较

内　容	驱动类型		
	普通电动机驱动	伺服电动机驱动	步进电动机驱动
输出力矩	较大	较小	较小
速度要求	较低	较高	较高
精度要求	很低	很高	很高
控制性能	较差	好	好
控制系统	简单	复杂	复杂
应用范围	适用于一般小、中或重载型的机器人	适用于闭环控制系统，主要用于传动功率较大的关节或功率较大的中、大型机器人	适用于开环控制系统，主要用于传动功率不大的关节或功率较小的中、小型机器人

机械人驱动系统各有其优缺点，通常对机器人的驱动系统的要求包括以下几方面：

1）驱动系统的质量应尽可能轻，单位质量的输出功率和效率高。

2）反应速度快，即要求力矩质量比和力矩转动惯量比大，能够进行频繁的起、制动，正、反转切换。

3）驱动尽可能灵活，位移偏差和速度偏差小。

4）安全可靠，对环境无污染，噪声小。

5）操作和维护方便。

6）经济上合理，尤其要尽量减少占地面积。

图 2-12 和图 2-13 为 ABB 机器人驱动伺服系统和 KUKA 机器人伺服驱动系统。

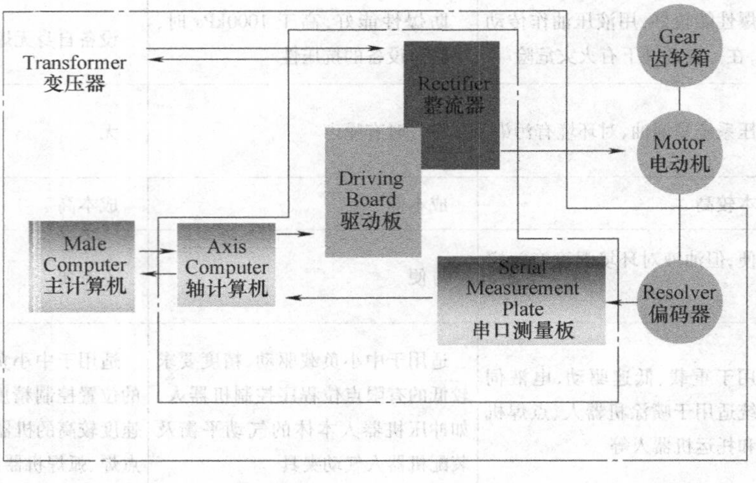

图 2-12　ABB 驱动伺服系统

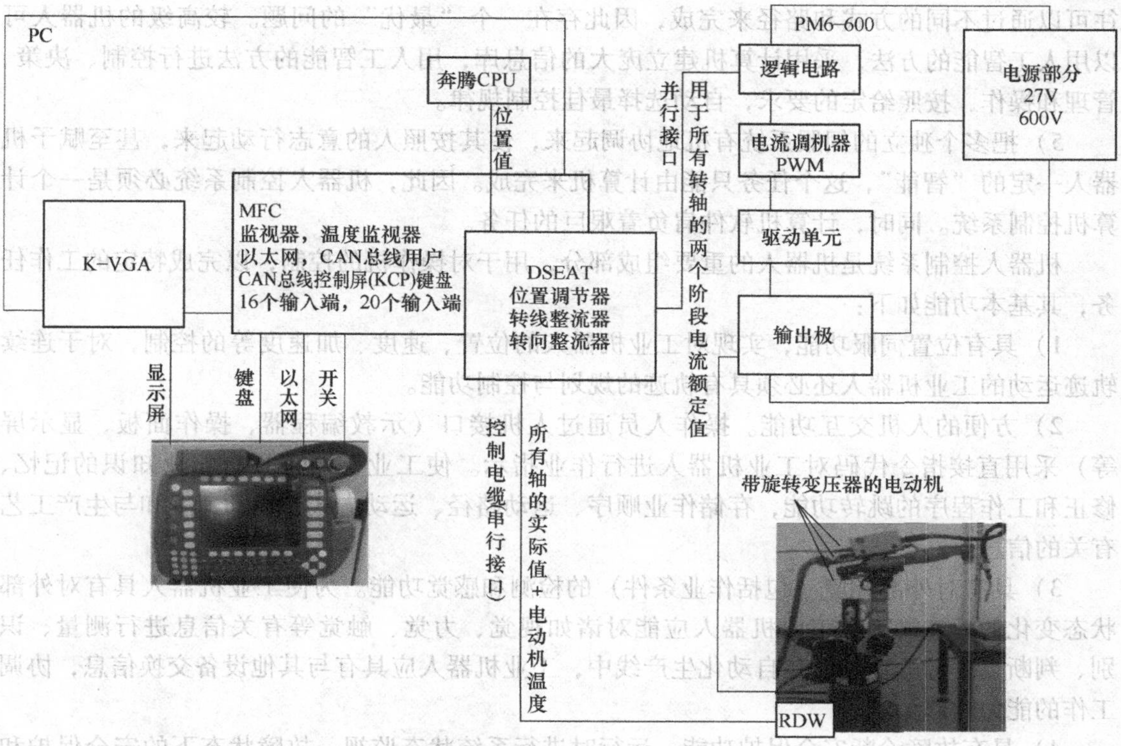

图 2-13　KUKA 机器人伺服驱动系统

2.3　控制系统

控制系统是工业机器人的主要组成部分，其机能类似于人脑控制系统，支配着工业机器人按规定的程序运动，并记忆人们给予工业机器人的指令信息（如动作顺序、运动轨迹、运动速度及时间），同时按其控制系统的信息对执行机构发出指令，必要时可对工业机器人的动作进行监视，当动作有错误或发生故障时发出报警信号。

2.3.1　工业机器人控制系统的特点

工业机器人的控制技术是在传统机械系统控制技术的基础上发展起来的，因此两者之间并无本质上的不同，但工业机器人控制系统也有许多特殊之处，其特点如下：

1）工业机器人有若干个关节。典型工业机器人有五六个关节，每个关节由一个伺服系统控制，多个关节的运动要求各个伺服系统协同工作，组成一个多变量的控制系统。

2）工业机器人的工作任务要求操作机的手部进行空间点位运动或连续轨迹运动。对工业机器人的运动控制，需要进行复杂的坐标变换运算，以及矩阵函数的逆运算。

3）工业机器人的数学模型是一个多变量、非线性和变参数的复杂模型，各变量之间还存在着耦合，因此工业机器人的控制中经常使用前馈、补偿、解耦合、自适应等复杂控制技术。

4）较高级的工业机器人要求对环境条件、控制指令进行测定和分析。机器人的动作往往可以通过不同的方式和路径来完成，因此存在一个“最优”的问题。较高级的机器人可以用人工智能的方法，采用计算机建立庞大的信息库，用人工智能的方法进行控制、决策、管理和操作，按照给定的要求，自动选择最佳控制规律。

5）把多个独立的伺服系统有机地协调起来，使其按照人的意志行动起来，甚至赋予机器人一定的“智能”，这个任务只能由计算机来完成。因此，机器人控制系统必须是一个计算机控制系统。同时，计算机软件肩负着艰巨的任务。

机器人控制系统是机器人的重要组成部分，用于对操作机的控制，以完成特定的工作任务，其基本功能如下：

1）具有位置伺服功能，实现对工业机器人的位置、速度、加速度等的控制，对于连续轨迹运动的工业机器人还必须具有轨迹的规划与控制功能。

2）方便的人机交互功能。操作人员通过人机接口（示教编程器、操作面板、显示屏等）采用直接指令代码对工业机器人进行作业指示。使工业机器人具有作业知识的记忆、修正和工作程序的跳转功能，存储作业顺序、运动路径、运动方式、运动速度和与生产工艺有关的信息。

3）具有对外部环境（包括作业条件）的检测和感觉功能。为使工业机器人具有对外部状态变化的适应能力，工业机器人应能对诸如视觉、力觉、触觉等有关信息进行测量、识别、判断、理解等功能。在自动化生产线中，工业机器人应具有与其他设备交换信息，协调工作的能力。

4）具有故障诊断安全保护功能，运行时进行系统状态监视、故障状态下的安全保护和故障自诊断。

2.3.2　工业机器人控制系统的分类

如图 2-14 所示，工业机器人控制系统可以从不同角度分类，如按控制运动的方式不同，可分为位置控制和作业程序控制；按示教方式的不同，可分为编程方式和存储方式等。

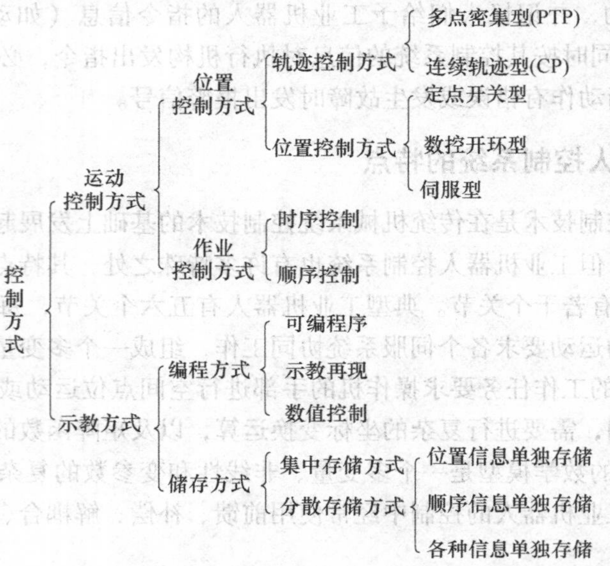

图 2-14　机器人控制系统分类

2.3.3　机器人控制系统的组成

如图 2-15 所示，机器人控制系统由控制计算机、示教编程器、操作面板等组成。

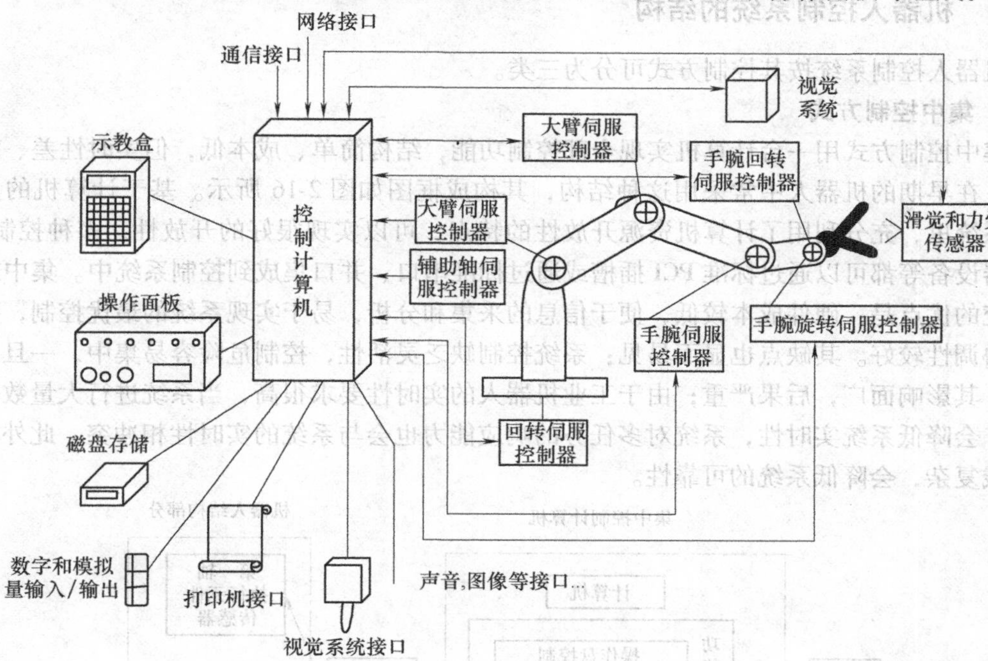

图 2-15　机器人控制系统组成框图

1）控制计算机：控制系统的调度指挥机构。一般为微型机，微处理器分为 32 位、64 位等，如奔腾系列 CPU 以及其他类型 CPU。

2）示教编程器：示教机器人的工作轨迹和参数设定，以及所有人机交互操作，拥有自己独立的 CPU 以及存储单元，与主计算机之间以串行通信方式实现信息交互。

3）操作面板：由各种操作按键、状态指示灯构成，只完成基本功能操作。

4）磁盘存储：存储机器人工作程序的外围存储器。

5）数字和模拟量输入/输出：各种状态和控制命令的输入或输出。

6）打印机接口：记录需要输出的各种信息。

7）传感器接口：用于信息的自动检测，实现机器人柔顺控制，一般为力觉、触觉和视觉传感器。

8）轴控制器：完成机器人各关节位置、速度和加速度控制。

9）辅助设备控制：用于和机器人配合的辅助设备控制，如手爪变位器等。

10）通信接口：实现机器人和其他设备的信息交换，一般有串行接口、并行接口等。

11）网络接口。

①Ethernet 接口：可通过以太网实现数台或单台机器人的直接 PC 通信，数据传输速率高达 10Mbit/s，可直接在 PC 上用 Windows 库函数进行应用程序编程，支持 TCP/IP 通信协议，通过 Ethernet 接口将数据及程序装入各个机器人控制器中。

②Fieldbus 接口：支持多种流行的现场总线规格，如 Device net、AB Remote I/O、Interbus-s、profibus-DP、M-NET 等。

2.3.4 机器人控制系统的结构

机器人控制系统按其控制方式可分为三类。

1. 集中控制方式

集中控制方式用一台计算机实现全部控制功能，结构简单、成本低，但实时性差、难以扩展。在早期的机器人中常采用这种结构，其构成框图如图 2-16 所示。基于计算机的集中控制系统里，充分利用了计算机资源开放性的特点，可以实现很好的开放性，多种控制卡、传感器设备等都可以通过标准 PCI 插槽或通过标准串口、并口集成到控制系统中。集中式控制系统的优点是：硬件成本较低，便于信息的采集和分析，易于实现系统的最优控制，整体性与协调性较好。其缺点也显而易见：系统控制缺乏灵活性，控制危险容易集中，一旦出现故障，其影响面广，后果严重；由于工业机器人的实时性要求很高，当系统进行大量数据计算时，会降低系统实时性，系统对多任务的响应能力也会与系统的实时性相冲突。此外，系统连线复杂，会降低系统的可靠性。

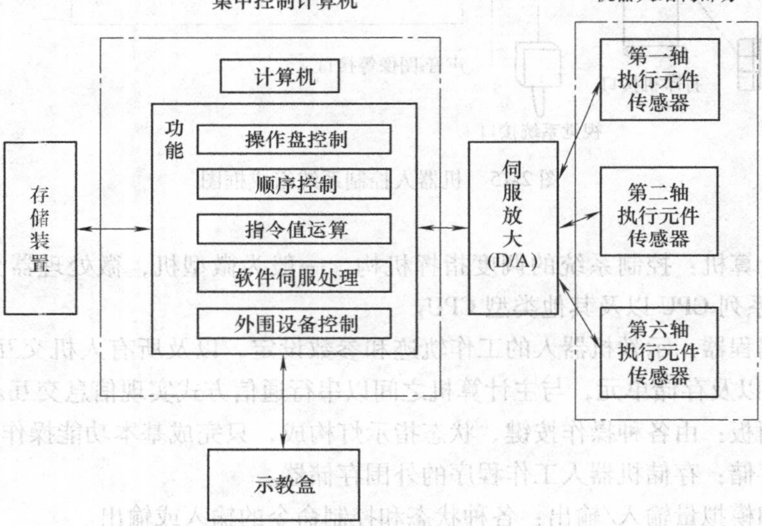

图 2-16 集中控制方式框图

2. 主从控制方式

主从控制方式采用主、从两级处理器实现系统的全部控制功能。主 CPU 实现管理、坐标变换、轨迹生成和系统自诊断等；从 CPU 实现所有关节的动作控制。其构成框图如图 2-17 所示。主从控制方式系统实时性较好，适于高精度、高速度控制，但其系统扩展性较差，维修困难。

3. 分布控制方式

分布控制方式按系统的性质和方式将系统控制分成几个模块，每一个模块各有不同的控制任务和控制策略，各模式之间可以是主从关系，也可以是平等关系。这种方式实时性好，易于实现高速、高精度控制，易于扩展，可实现智能控制，是目前流行的方式，其控制框图如图 2-18 所示。其主要思想是“分散控制，集中管理”，即系统对其总体目标和任务可以进行综合协调和分配，并通过子系统的协调工作来完成控制任务。整个系统在功能、逻辑和物理等方面都是分散的，所以 DCS 系统又称为集散控制系统或分散控制系统。这种结构中，子系统由控制器和不同被控对象或设备构成，各个子系统之间通过网络等相互通信。分布式控制结构提供了一个开放、实时、精确的机器人控制系统。分布式系统中常采用两级控制方式。

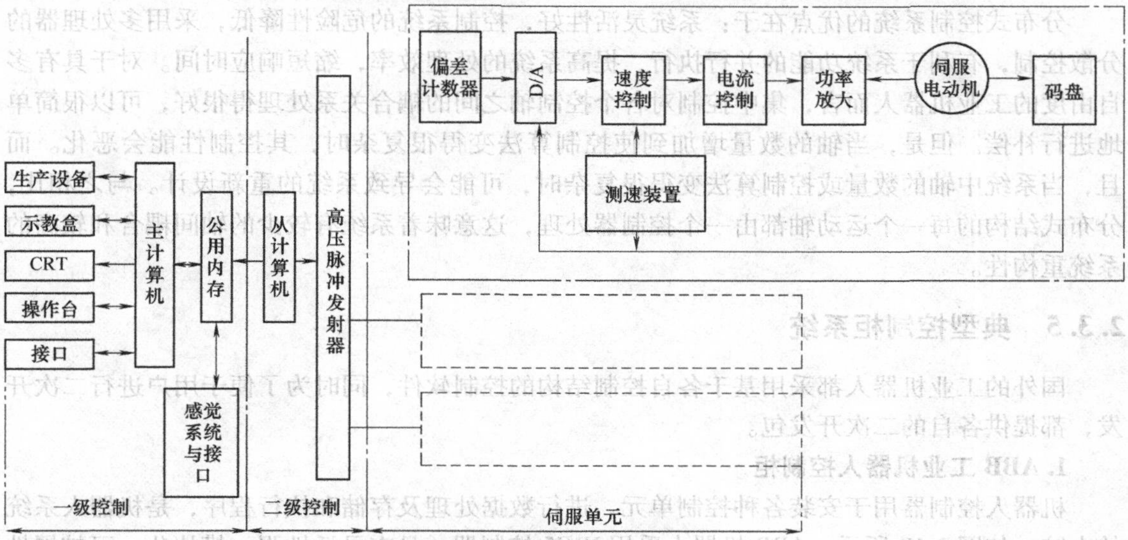

图 2-17　主从控制方式框图

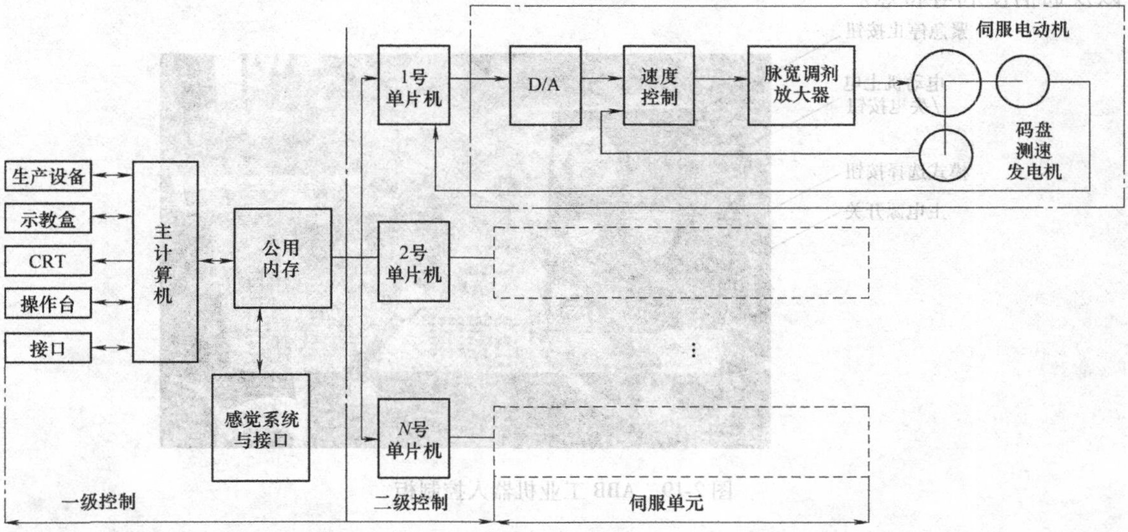

图 2-18　分散控制方式框图

两级分布式控制系统，通常由上位机、下位机和网络组成。上位机可以进行不同的轨迹规划和算法控制，下位机进行插补细分、控制优化等的实现。上位机和下位机通过通信总线相互协调工作。这里的通信总线可以是 RS-232、RS-485、EEE-488 以及 USB 总线等形式。

现在，以太网和现场总线技术的发展为机器人提供了更快速、稳定、有效的通信服务。尤其是现场总线，它应用于生产现场、在微机化测量控制设备之间实现双向多结点数字通信，从而形成了新型的网络集成式全分布控制系统——现场总线控制系统（Fieldbus Control System，FCS）。在工厂生产网络中，将可以通过现场总线连接的设备统称为“现场设备/仪表”。从系统论的角度来说，工业机器人作为工厂的生产设备之一，也可以归纳为现场设备。在机器人系统中引入现场总线技术后，更有利于机器人在工业生产环境中的集成。

分布式控制系统的优点在于：系统灵活性好，控制系统的危险性降低，采用多处理器的分散控制，有利于系统功能的并行执行，提高系统的处理效率，缩短响应时间。对于具有多自由度的工业机器人而言，集中控制对各个控制轴之间的耦合关系处理得很好，可以很简单地进行补偿。但是，当轴的数量增加到使控制算法变得很复杂时，其控制性能会恶化。而且，当系统中轴的数量或控制算法变得很复杂时，可能会导致系统的重新设计。与之相比，分布式结构的每一个运动轴都由一个控制器处理，这意味着系统有较少的轴间耦合和较高的系统重构性。

2.3.5 典型控制柜系统

国外的工业机器人都采用基于各自控制结构的控制软件，同时为了便于用户进行二次开发，都提供各自的二次开发包。

1. ABB 工业机器人控制柜

机器人控制器用于安装各种控制单元，进行数据处理及存储和执行程序，是机器人系统的大脑。如图 2-19 所示，ABB 机器人采用 IRC5 控制器，具有灵活性强、模块化、可扩展性以及通信便利等特点。

图 2-19　ABB 工业机器人控制柜

（1）灵活性强

由一个控制模块和一个驱动模块组成，可选增一个过程模块以容纳定制设备和接口，如点焊、弧焊和胶合等。配备这三种模块的灵活型控制器完全有能力控制一台 6 轴机器人外加伺服驱动工件定位器及类似设备。如需增加机器人的数量，只需为每台新增机器人增装一个驱动模块，还可选择安装一个过程模块，最多可控制四台机器人在 MultiMove 模式下作业。

各模块间只需要两根连接电缆，一根为安全信号传输电缆，另一根为以太网连接电缆，供模块间通信使用，模块连接简单易行。

（2）模块化

控制模块作为 IRC5 的“心脏”，自带主计算机，能够执行高级控制算法，为多达 36 个伺服轴进行 MultiMove 路径计算，并且可指挥四个驱动模块。控制模块采用开放式系统架构，配备基于商用 Intel 主板和处理器的工业计算机以及 PCI 总线。

（3）可扩展性

由于采用标准组件，用户不必担心设备淘汰问题，随着计算机处理技术的进步能随时进行设备升级。

（4）通信便利

完善的通信功能是 ABB 机器人控制系统的特点。其 IRC5 控制器的 PCI 扩展槽中可以安装几乎任何常见类型的现场总线板卡，包括满足 ODVA 标准可使用众多第三方装置的单信道 DeviceNet，支持最高速率为 12Mbit/s 的双信道 profibus-DP 以及可使用铜线和光纤接口的双信道 Interbus。

控制柜按键如图 2-19 所示。

主电源开关：机器人系统的总开关。

紧急停止按钮：在任何模式下，按下该按钮，机器人立即停止动作。要使机器人重新动作，必须使它恢复至原来位置。

电动机上电/失电按钮：表示机器人电动机的工作状态，当按键灯常亮时，表示上电状态，机器人的电动机被激活，准备好执行程序；当按键灯快闪时，表示机器人未同步（未标定或计数器未更新），但电动机已激活；当按键灯慢闪时，表示至少有一种安全停止生效，电动机未激活。

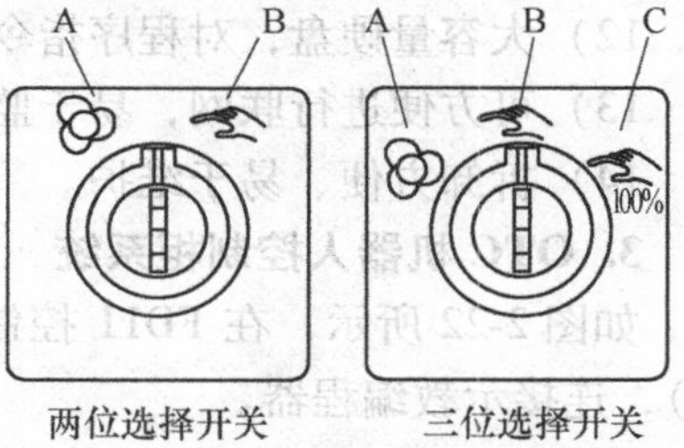

图 2-20　ABB 工业机器人模式选择按钮

模式选择按钮：一般分为两位选择开关和三位选择开关，如图 2-20 所示。

A 自动模式：机器人运行时使用，在此状态下，操纵摇杆不能使用。

B 手动减速模式：相应状态为手动状态，机器人只能以低速、手动控制运行。必须按住使能器才能激活电动机。

C 手动全速模式：用于在与实际情况相近的情况下调试程序。

2. KUKA 机器人控制柜系统

KUKA 机器人被广泛应用于汽车制造、造船、冶金、娱乐等领域。机器人配套的设备有 KRC2 控制器柜、KCP 控制盘，如图 2-21 所示。

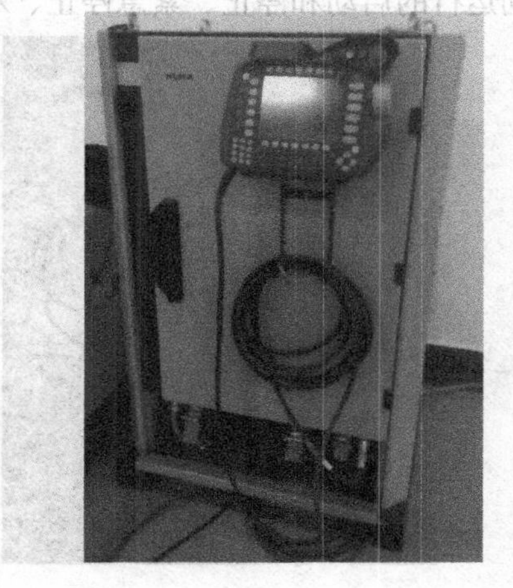
图 2-21　KUKA 工业机器人控制柜

KUKA 机器人 KRC2 控制器采用开放式体系结构，有联网功能的 PC BASED 技术。总线标准采用 CAN/

Device Net 及 Ethernet，并配有标准局部现场总线（Interbus FIFI0 Profibus）插槽；具有整合示波器功能，提供机器人诊断、程序编辑支援等功能；运动轮廓功能提供最理想的电动机和速度动作的交互使用；编辑更加简单、直观。采用紧凑型、可堆叠的设计，一种控制器适用于所有 KUKA 机器人，特点如下：

1）标准的工业控制计算机 PENTIUM 处理器。

2）基于 Windows 平台的操作系统，可在线选择多种语言。

3）支持多种标准工业控制总线，包括 Interbus、Profibus、Devicenet、Canbus、Controlnet、EtherNet、Remote I/O 等；Devicenet、EtherNet 为标准配置。

4）标准的 ISA、PCI 插槽，方便扩展。可直接插入各种标准调制解调器接入高速 Internet，实现远程监控和诊断。

5）采用高级语言编程，程序可方便、快速地进行备份及恢复。

6）标准的控制软件功能包，可适应各种应用。

7）6D 运动控制鼠标，方便运动轨迹的示教。

8）断电自动重启，不需重新进入程序。

9）系统设示波器功能，可方便进行错误诊断和系统优化。

10）可直接外接显示器、鼠标和键盘，方便程序的读写。

11）可随时进行系统的更新。

12）大容量硬盘，对程序指令基本无限制，并可长期存储相关操作和系统日志。

13）可方便进行联网，易于监控和管理。

14）拆卸方便、易于维护。

3. OTC 机器人控制柜系统

如图 2-22 所示，在 FD11 控制柜的前面配备电源开关及操作面板（或连接操作盒代替），连接示教编程器。

断路器：使控制装置的电源的开与关。

示教编程器：装有按键和按钮，以便执行示教、文件操作、各种条件设定等。

操作面板（或操作盒）：装有执行最低限度的操作所需的按钮，以便执行运转准备投入、自动运行的启动和停止、紧急停止、示教/再生模式的切换等，如图 2-23 和图 2-24 所示。

图 2-22　OTC FD11 控制装置

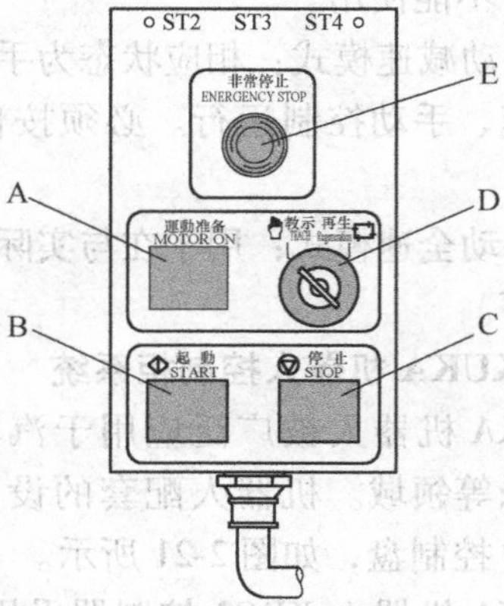

图 2-23　操作盒

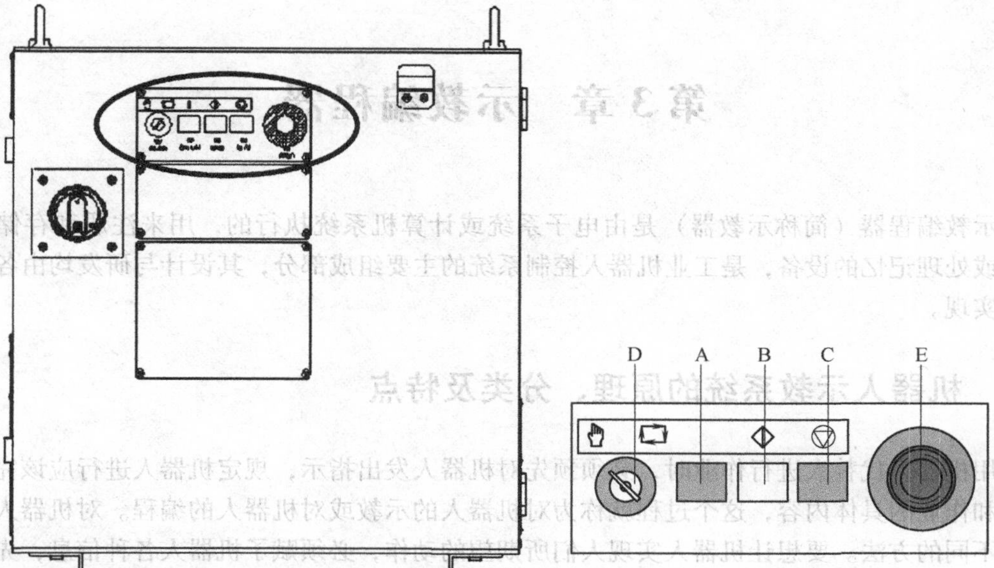

图 2-24　操作面板

A 运转准备投入按钮：使其进入运转准备投入的状态。一旦进入投入状态，移动机器人的准备就完成了。

B 起动按钮：在再生模式下启动指定的作业程序。

C 停止按钮：在再生模式下停止启动中的作业程序。

D 模式转换开关：切换模式。可切换到示教/再生模式。此开关与示教器的 TP 选择开关组合使用。

E 紧急停止按钮：按下此按钮，机器人紧急停止。不论按操作盒或示教器上的哪一个，都使机器人紧急停止。若要解除紧急停止，可向右旋转按钮（按钮回归原位）。

4. MOTOMAN FS100 控制柜

主电源开关位于 FS100 控制柜的面板上，如图 2-25 所示。

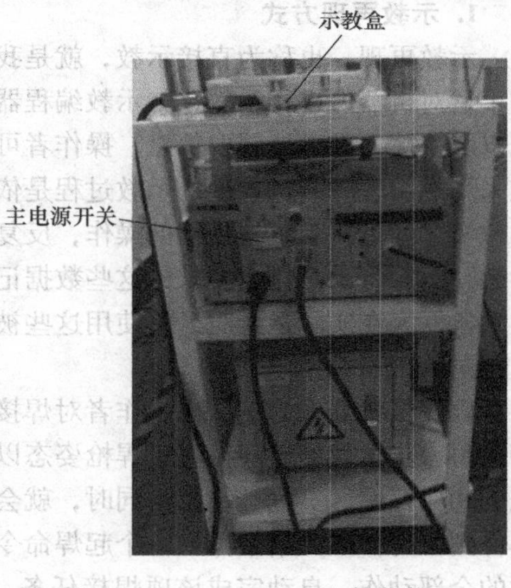

图 2-25　MOTMAN FS100 控制装置

第 3 章　示教编程器

示教编程器（简称示教器）是由电子系统或计算机系统执行的，用来注册和存储机械运动或处理记忆的设备，是工业机器人控制系统的主要组成部分，其设计与研发均由各厂家自行实现。

3.1　机器人示教系统的原理、分类及特点

用机器人代替人进行作业时，必须预先对机器人发出指示，规定机器人进行应该完成的动作和作业的具体内容，这个过程就称为对机器人的示教或对机器人的编程。对机器人的示教有不同的方法。要想让机器人实现人们所期望的动作，必须赋予机器人各种信息，先是机器人动作顺序的信息及外部设备的协调信息；其次是机器人工作时的附加条件信息；再次是机器人的位置和姿态信息。前两个方面很大程度上是与机器人要完成的工作以及相关的工艺要求有关，位置和姿态的示教通常是机器人示教的重点。

现有的机器人示教系统可以分为以下三类：

1. 示教再现方式

示教再现，也称为直接示教，就是我们通常所说的手把手示教，即由人直接搬动机器人的手臂对机器人进行示教，如示教编程器示教或操作杆示教等。在这种示教中，为了示教方便以及快捷而准确地获取信息，操作者可以选择在不同坐标系下进行。示教再现是机器人普遍采用的编程方式，典型的示教过程是依靠操作员观察机器人及其夹持工具相对于作业对象的位姿，通过对示教编程器的操作，反复调整示教点处机器人的作业位姿、运动参数和工艺参数，然后将满足作业要求的这些数据记录下来，再转入下一点的示教。整个示教过程结束后，机器人在实际运行时，将使用这些被记录的数据，经过插补运算，就可以再现在示教点上记录的机器人位姿。

以焊接机器人为例，由操作者对焊接机器人按实际焊接操作一步步地进行示教，机器人将其每一步示教的空间位置、焊枪姿态以及焊接参数等，顺序、精确地存入控制器计算机系统的相应存储区。示教结束的同时，就会自动生成一个执行上述示教参数的程序。当实际待焊件到位时，只要给机器人一个起焊命令，机器人就会精确地、无需人介入地一步步重现示教的全部动作，自动完成该项焊接任务。如果需要机器人去完成一项新的焊接任务（如汽车车型改变），无需对机器人作任何改装，只需要按新任务操作重新对机器人示教就可以实现。如果在机器人控制器计算机内存中同时存储多种焊件的示教程序，在同一条生产线上就可以很容易地实现多种焊件同时生产，当一种焊件到来时，仅需给机器人一个这种焊件的识别编码即可，这就是所谓的柔性。

如图 3-1 所示，示教再现功能的用户接口是示教器键盘，操作者通过操作示教器，向主控计算机发送控制命令，操纵主控计算机上的软件完成对机器人的控制。其次，示教器将接收到的当前机器人运动和状态等信息通过液晶屏完成显示。

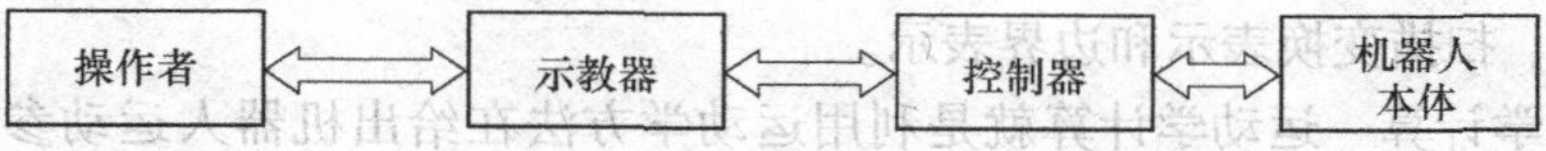

图 3-1　机器人操作流程控制简图

如果示教失误，修正路径的唯一方法就是重新示教。这些形式不同的机器人示教再现系统具有以下共同特点：

1）操作简单，易于掌握，轨迹修改方便。

2）要求操作员现场近距离示教操作，因而具有一定的危险性，安全性较差。

3）示教过程繁琐、费时，需要根据作业任务反复调整机器人的动作轨迹姿态与位置，时效性较差，示教过程中必须停工，难以与其他操作同步。

4）很难示教复杂的运动轨迹及准确度要求高的直线。

5）示教轨迹的重复性差，无法接受传感器信息。

2. 离线编程方式

基于 CAD/CAM 的机器人离线编程示教，是利用计算机图形学的成果，建立起机器人及其工作环境的模型，使用某种机器人编程语言，通过对图形的操作和控制，离线计算和规划出机器人的作业轨迹，然后对编程的结果进行三维图形仿真，以检验编程的正确性。最后在确认无误后，生成机器人可执行代码下载到机器人控制器中，用以控制机器人作业。

离线编程系统主要由用户接口、机器人系统的三维几何构型、运动学计算、轨迹规划、三维图形动态仿真、通信接口和误差校正等部分组成。

其相互关系如图 3-2 所示。

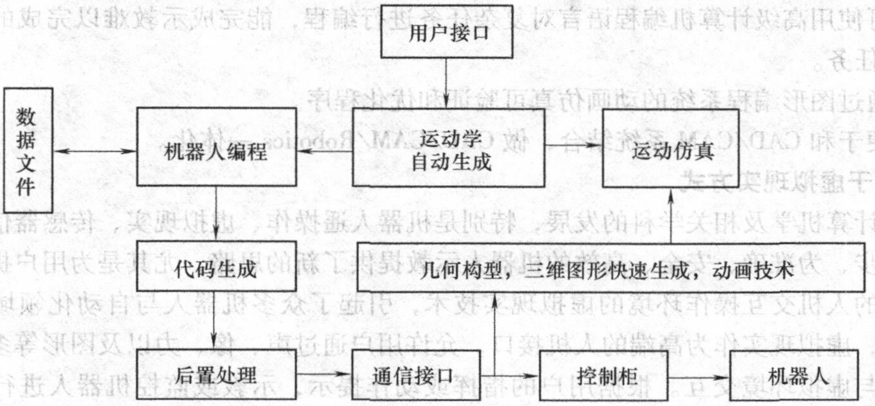

图 3-2　机器人离线编程系统组成

（1）用户接口　工业机器人一般提供两个用户接口，一个用于示教编程，另一个用于语言编程。

示教编程可以用示教器直接编制机器人程序。语言编程则是用机器人语言编制程序，使机器人完成给定的任务。

（2）机器人系统的三维几何构型　离线编程系统中的一个基本功能是利用图形描述对机器人和工作单元进行仿真，这就要求对工作单元中的机器人所有的卡具、零件和刀具等进行三维实体几何构型。目前，用于机器人系统三维几何构型的主要方法有以下三种：结构的立体几何表示、扫描变换表示和边界表示。

(3) 运动学计算　运动学计算就是利用运动学方法在给出机器人运动参数和关节变量的情况下，计算出机器人的末端位姿，或者是在给定末端位姿的情况下，计算出机器人的关节变量值。

(4) 轨迹规划　在离线编程系统中，除需要对机器人的静态位置进行运动学计算之外，还需要对机器人的空间运动轨迹进行仿真。

(5) 三维图形动态仿真　机器人动态仿真是离线编程系统的重要组成部分，它能逼真地模拟机器人的实际工作过程，为编程者提供直观的可视图形，进而可以检验编程的正确性和合理性。

(6) 通信接口　在离线编程系统中，通信接口起着连接软件系统和机器人控制柜的桥梁作用。

(7) 误差校正　离线编程系统中的仿真模型和实际的机器人之间存在误差。产生误差的原因主要包括机器人本身结构上的误差、工作空间内难以准确确定物体（机器人、工件等）的相对位置和离线编程系统的数字精度等。

离线编程系统相对于示教再现系统具有以下优点：

1) 可减少机器人停机时间，当对机器人下一个任务进行编程时，机器人仍可在生产线上工作，不占用机器人的工作时间。

2) 让程序员脱离潜在的危险环境。

3) 一套编程系统可以给多台机器人、多种工作对象编程。

4) 便于修改机器人程序，若机器人程序格式不同，只要采用不同的后置处理即可。

5) 可使用高级计算机编程语言对复杂任务进行编程，能完成示教难以完成的复杂、精确的编程任务。

6) 通过图形编程系统的动画仿真可验证和优化程序。

7) 便于和 CAD/CAM 系统结合，做 CAD/CAM/Robotics 一体化。

3. 基于虚拟现实方式

随着计算机学及相关学科的发展，特别是机器人遥操作、虚拟现实、传感器信息处理等技术的进步，为准确、安全、高效的机器人示教提供了新的思路，尤其是为用户提供了一种崭新友好的人机交互操作环境的虚拟现实技术，引起了众多机器人与自动化领域学者的注意。这里，虚拟现实作为高端的人机接口，允许用户通过声、像、力以及图形等多种交互设备实时地与虚拟环境交互。根据用户的指挥或动作提示，示教或监控机器人进行复杂的作业，例如瑞典的 ABB 研发的 RobotStudio 虚拟现实系统。

3.2 机器人示教器的组成

示教编程器由操作键、开关按钮、指示灯和显示屏等组成。其中示教编程器的操作键主要分为四类：

(1) 示教功能键　如示教/再现、存入、删除、修改、检查、回零、直线插补、圆弧插补等，为示教编程用。

(2) 运动功能键　如 $X\pm$ 移动、$Y\pm$ 移动、$Z\pm$ 移动、1～6 关节 ± 转动等，为操纵机器人示教用。

（3）参数设定键 如各轴的速度设定、焊接参数设定、摆动参数设定等。

（4）特殊功能键 根据功能键所对应的相应功能菜单，从而打开各种不同的子菜单，并确定相应不同的控制功能。

示教编程器常用的开关按钮有急停开关、选择开关、使能键等。

（5）急停开关 当此按钮按下时，机器人立即处于紧急停止状态，同时各机械手臂上的伺服控制器同时断电，机器人处于停止工作状态。

（6）选择开关 与操作盒或操作面板配合，选择示教模式或者再现模式。

（7）使能键 该开关只在示教模式下操作机器人时才有效，在开关被按住时机器人才可进行手动操作。紧急情况下，释放该开关，机器人将立刻停止。

3.3 机器人示教器的功能

示教编程器主要提供一些操作键、按钮、开关等，其目的是能够为用户编制程序、设定变量时提供一个良好的操作环境，它既是输入设备，也是输出显示设备，同时还是机器人示教的人机交互接口。

在示教过程中，它将控制机器人的全部动作，事实上它是一个专用的功能终端，它不断扫描示教编程器上的功能，并将其全部信息送入控制器、存储器中。主要有以下功能：

1）手动操作机器人的功能。

2）位置、命令的登录和编辑功能。

3）示教轨迹的确认功能。

4）生产运行功能。

5）查阅机器人的状态（I/O 设置、位置、焊接电流等）。

3.4 主流工业机器人示教器功能

著名的工业机器人公司有：瑞典的 ABB，日本的 FANUC、Yaskawa 安川、川崎重工、OTC，德国的 KUKA Roboter、CLOOS、REIS（KUKA），美国的 Adept Technology、American Robot，意大利的 COMAU，奥地利的 IGM 等公司。下面分别介绍 ABB、KUKA、OTC、MOTOMAN 等主流工业机器人的示教器功能（示教器上的键用 [ ] 表示，触摸屏上选项用 “ ” 表示）。

3.4.1 ABB 公司机器人示教器功能

ABB 机器人示教器 FlexPendant 由硬件和软件组成，其本身就是一台成套完整的计算机。FlexPendant 设备（有时也被称为 TPU 或教导器单元）用于处理与机器人系统操作相关的多项功能，包括运行程序，微动控制操纵器，修改机器人程序等。某些特定功能，如管理用户授权系统（User Authorization System，UAS），无法通过 FlexPendant 执行，只能通过 RobotStudio Online 实现。

作为 ABB 机器人控制器的主要部件，FlexPendant 通过集成电缆和连接器与控制器连接，hot plug 按钮选项使得机器人在自动模式下无需连接 FlexPendant 仍可继续运行成为可能。FlexPendant 可在恶劣的工业环境下持续运作。其触摸屏易于清洁，且防水、防油、防溅。

1. 示教器的外观

如图 3-3 所示，ABB 机器人示教器 FlexPendant 由急停开关（Emergency Stop Button（E-Stop））、使能器（Enabling Device）、操纵杆（Joystick）、显示屏（Display）等硬件组成。

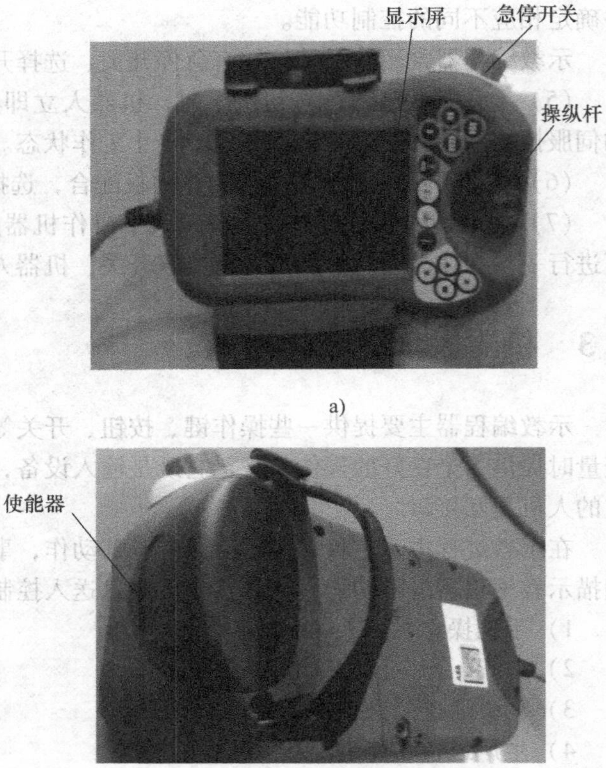

a)

b)

图 3-3　ABB 机器人示教器

2. 窗口介绍

如图 3-4 所示为 ABB 机器人示教编程器的操作界面，包含操纵窗口（Jogging）、编程窗口（Program Editor）、输入/输出窗口（Inputs and Outputs）等。

（1）操纵窗口（Jogging）　手动状态下，用来操纵机器人，显示屏上显示机器人相对位置及坐标系。

（2）编程窗口（Program Editor）　手动状态下，用来编程与测试，所有编程工作都在编程窗口中完成。

（3）输入/输出窗口（Inputs and Outputs）　显示输入/输出信号数值，可手动给输出信号赋值。

（4）其他窗口　包括系统参数、服务、生产以及文件管理窗口。

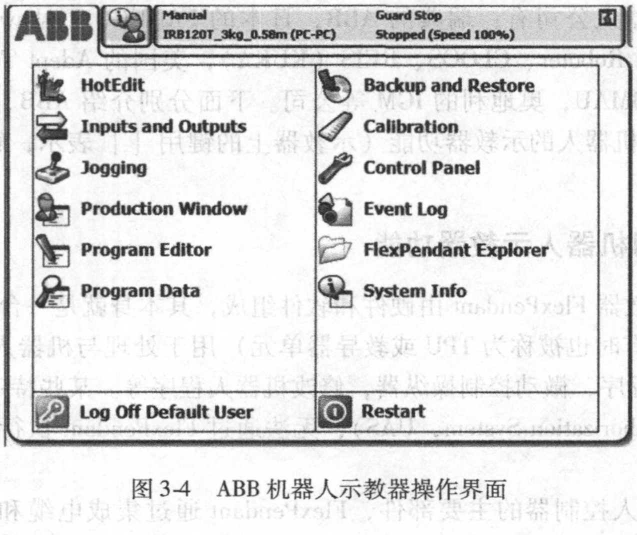

图 3-4　ABB 机器人示教器操作界面

3. 键功能介绍

（1）导航键

1）[List]：将光标在窗口的几个部分间切换（通常由双实线分开）。

2）[Previous/Next Page]：翻页。

3）[Up and Down arrows]：上下移动光标。

4）[Left and Right arrows]：左右移动光标。

（2）运动控制键

1）[Motion Unit]：运动单元切换键，选择操纵机器人或其他机械单元（外轴）。手动状态下，操纵机器人本体与机器人所控制的其他机械装置（外轴）之间的切换。

2）[Motion Type 1]：运动模式切换键 1，手动状态下，直线运动与姿态运动切换。其中，直线运动指机器人 TCP 沿坐标系 X、Y、Z 轴方向作直线运动。姿态运动指机器人 TCP 在坐标系中 X、Y、Z 轴数值不变，只沿着 X、Y、Z 轴旋转，改变姿态。

3）[Motion Type 2]：运动模式切换键 2，单轴运动选择键，操纵杆只能控制三个方向，需切换。第一组控制 1、2、3 轴；第二组控制 4、5、6 轴。

4）[Incremental]：点动操纵键，启动或关闭点动操纵功能，从而控制机器人手动运行时的速度。

（3）其他键

1）[Stop]：停止键，停止程序的运行。

2）[Contrast]：光亮键，调节显示器对比度。

3）[Menu Keys]：菜单键，显示下拉式菜单（热键）。共有五个菜单键，用于显示包含各种命令的菜单。

4）[Function keys]：功能键，直接选择功能（热键）。共有五个功能键，用于直接选择各种命令。

5）[Delete]：删除键，删除显示屏所选数据。机器人上所要删除任何数据、文件、目录等，都用此键。

6）[Enter]：回车键，进入光标所示数据。

7）[P1-P5]：自定义键，这五个自定义键的功能可由程序员自定义，每个键可以控制一个模拟输入信号或一个输出信号以及其端口。

3.4.2 KUKA 机器人示教器功能

The KUKA Control Panel 简称为 KCP，它通过一组人机界面控制机器人，主要是为了使机器人手臂更容易操作，整个机器人手臂运作系统需通过程序执行或由人员控制。

1. 示教器的外观

如图 3-5 所示，KCP 采用的是 VGA 液晶显示屏，配有操作方便的 6D 鼠标，面板上有紧急停止、驱动开/关、模式选择及授权开关并附加键盘端口，此外还在通信连接孔处提供因特网端口。KCP 背后的 3 个具有相同功能的加电控制按钮即“安全键”，如图 3-5b 所示，白色按键分别分布在 KCP 背面不同的位置，适合工作人员的不同操作习惯，更加人性化。

2. KCP 的操作控制元件

（1）紧急停止按钮（Emergency Stop Button） 紧急停止按钮是 KCP 上最重要的安全元

素。当机器人的运作处在危险情况时，按下这红色按钮可立即将电源中断。

再次开始使用机器人前，必须先释放紧急停止按钮。将按钮以顺时针方向转动直到顶部可听见其脱离声。释放后需到显示屏上的信息栏中按下“Ack”按钮，进行确认。

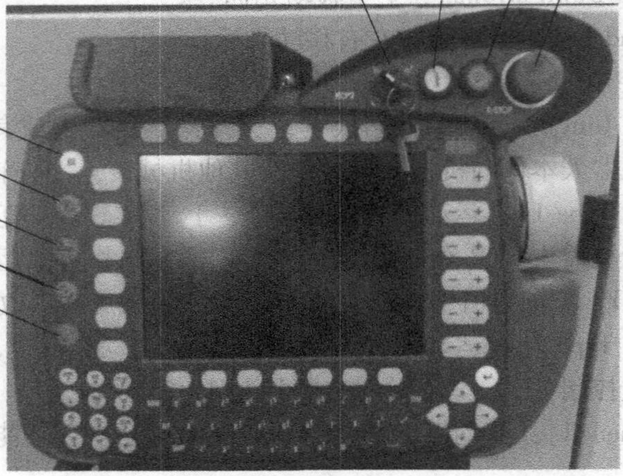

a)

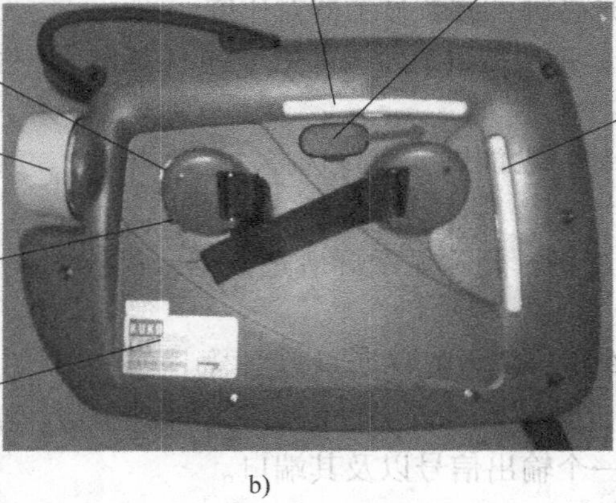

b)

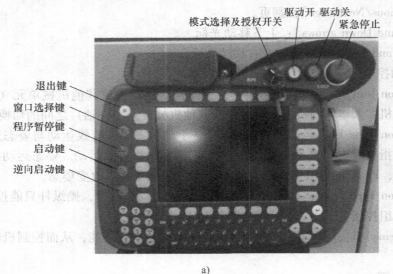

图 3-5　KUKA 示教编程器

在释放紧急停止按钮前，需先将造成紧急停止的状况排除。

（2）驱动器开（Drive On）　按此按钮以开启机器人的驱动功能。在正常的操作条件下（如未压下紧急停止按钮，安全闸门已关闭等），按此按钮以开启机器人的驱动功能若设定在手动（T1/T2）模式下，此键该功能失效。

（3）驱动器关（Drives Off）　按此键可以关闭机器人的驱动功能，电动机内的刹车在短时间的延迟后会咬合，并使得各轴的位置固定。若设定在手动（T1/T2）模式下，此按钮该功能失效。

（4）操作模式的选择　操作模式可通过 KCP 上的操作模式选择开关进行选择。此开关由一个插拔式钥匙来操作。如果将钥匙拔出，则开关被锁闭，不能对操作模式进行更改。

使用此键可以切换以下几个切换模式：

手动慢速运行模式（T1）：机械手只有在 KCP 背面的安全键被压住时，才能移动，且移动速度较慢。

手动快速运行模式（T2）：机械手只有在 KCP 背面的安全键被压住时，才能移动，移动速度与程序执行速度相同。

自动运行模式（AUT）：机器人自动地执行被选择的程序，并由 KCP 作监控。移动速度与程序执行的速度相同。

外部自动运行模式（AUT EXT）：机器人会自动地执行被选择的程序，但机器人的主控权为外部主计算机或是 PLC 系统，移动速度与程序执行的速度相同。

如果在程序执行中切换操作模式，则会启动动态刹车系统。只有安全回路连接无误时，才可执行自动模式。

（5）［退出键］（ESC）　ESC 键可随时跳出使用中的指令，若选错选项可使用 ESC 键一一跳出。

（6）［窗口切换键］　按［窗口切换键］可在程序、状态与信息窗口间切换。

（7）［程序暂停键］　按此键可以让在自动模式下执行的程序停止，再按一次［程序向前执行键］可让程序继续执行。

（8）［程序向前执行键］　在开启驱动及无紧急停止情况下，此按键可以执行已开启的程序指令。

在 T1 或 T2 模式下，必须将［安全键］与［程序向前执行键］同时压住，机器人才会执行程序。

（9）［程序向后执行键］　此按键是将活动程序反方向执行，让机器人的动作往回走，只限于在 T1 或 T2 模式下操作使用。

（10）［输入键］　［输入键］用来确认或结束一条命令，功能与 PC 键盘上的 Enter 键相同。

（11）［箭头键］　此键用于改变编辑位置与选择符号组件（与 PC 键盘类似）。

（12）［空间鼠标］　在手动模式下，此操作组件可自由移（转）动机器人的位置。

（13）［选项按键］　这些按键用来打开屏幕上方方块选单。可使用方向按键选择，再按［输入键］打开。或使用［数字按键］直接选择打开。若要从选项中退出则可按［ESC］键。

（14）［状态按键］　这些状态键（屏幕的左/右两侧）作为操作选项，它可改变机器人的功能和设定。

（15）［编辑功能键］　这些操控设计用于选择屏幕上显示的 softkey 功能，它是机动性的，这些功能会随着不同窗口而改变。

（16）［数字按键］　［数字按键］用于数值输入，如图 3-6 所示。而第二层的功能则为操控选择，可按［NUM］键来切换这两种功能。压下［NUM］后，在状态栏上会出现使用状况。

图 3-6　KUKA 示教编程器数字按键

［INS(0)］：在插入模式和覆盖模式之间切换。

[DEL(.)]：删除光标右侧的字符。

[←]：删除光标左侧的字符。

[END(1)]：将光标移动至所在行的末尾。

[CTRL(2)]：在组合按键中使用。

[PGDN(3)]：将屏幕页面向文件结尾方向翻一页。

[UNDO(5)]：撤销最后一次输入。

[TAB(6)]：将焦点或光标移动至下一个界面元素上。如果用该键不能到达某个元素，则使用[光标键]。

[HOME(7)]：将光标移动至所在行的行首。

[LDEL(8)]：删除光标所在的行。

[PGUP(9)]：将屏幕页面向文件开始方向翻一页。

(17) 键盘 KUKA 示教编程器键盘如图 3-7 所示。

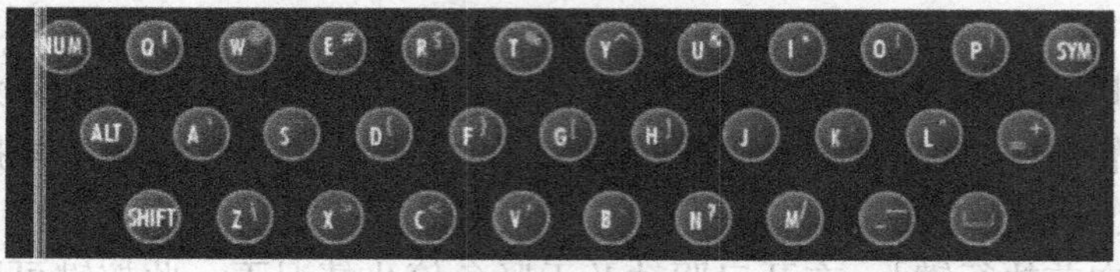

图 3-7 KUKA 示教编程器键盘

[NUM]：用[NUM]在数字区的数字功能和控制功能之间切换。

[ALT]：[ALT]键在组合按键时使用。该键被按下后就会保持按下状态，即不需要按住不动。

[SHIFT]：用[SHIFT]在大小写之间切换。该键被按下后就会保持按下状态，也就是不需要为输入一个大写字符而按住不动。如需输入多个大写字符，则必须按住[SHIFT]键不动。用[SYM]+[SHIFT]切换到持续大写。

[SYM]：如果要输入字母键的第二占位，如"E"键上的"#"，则必须按下[SYM]。该键被按下后就会保持按下状态，即不需要按住不动。

3. 输入与输出窗口

(1) 程序窗口 程序窗口为所选择的程序内容，如果未选择程序，则在窗口上会显示出档案列表。在指令内的数字和文字间有一黄色箭头（区块指示器），表示目前正在执行此行程序。另一个标识器是"编辑光标"，它为红色垂直线，如果此光标位在程序的最前端，代表程序目前在此行进行编辑。

(2) 状态窗口 可以在屏幕窗口上开启状态信息（如输出信息的指定）或资料的撰写（如在工具校准期间显示出其状态位置）。可利用[↑]和[↓]箭头进行信息选择。

(3) 信息窗口 系统通过"信息窗口"与操作者联系。若信息内容无法完全显示在同一行内，则其他剩下内容将会自动被隐去。若想看整个信息内容，可使用箭头键，然后移到想要看信息的那一行再按下[Enter]键，即可显示出完整的信息内容。按[ESC]键可跳回原状态。

(4) 程序功能内部编辑 有些程序功能必须要输入"数值"才能使用。这些数值可以在程序功能内部编辑框中选择或从复选项列表中选择。在这种方式下，可确保程序的正确性。可使用［↑］和［↓］键移至不同的输入编辑区块。

4. 系统状态

如图 3-8 所示，状态栏提供重要的操作状态，包含 PLC 或程序收集到的所有信息。表 3-1 说明了状态栏的功能。

图 3-8　KUKA 示教编程器状态栏

表 3-1　状态栏功能

类　型	图　标	颜　色	说　明
数字区状态	Num		数字区的数字功能激活
	Num		数字区的控制功能激活
大/小写状态	Cap		大写激活
	Cap		小写激活
翻译器的状态	S	灰色	Submit 翻译器被取消选择
	S	红色	Submit 翻译器停机
	S	绿色	Submit 翻译器正在运行
驱动装置状态	I	绿色	驱动装置处于待机运行状态
	O	红色	驱动装置未处于待机运行状态
程序状态	R	灰色	未选定程序
	R	黄色	程序段指示器停在被选程序的第一行上
	R	绿色	程序已选定，并正在运行
	R	红色	已选定并且已启动的程序被暂停
	R	黑色	程序段指示器停在被选程序的最后一行上

5. 信息

信息窗口中的注记显示通知、状态等信息。

（1）通知信息　通知信息包含了信息提供或操作引导、程序错误与操作错误，这些只是纯粹为了提供信息而不会中断程序的执行。例如“须配合使用启动键”这条信息将在选择程序后出现。

（2）状态信息　以文字格式表示系统的状态并且在某个程度上会中断程序。当导致此种信息的因素被排除后，信息会自动被删除。举例来说，“紧急停止”信息产生的情形为紧急按钮被按下或是安全闸门被开启等。

（3）确认信息　常伴随着状态信息（如紧急停止）一起出现，必须按下［ACK All］键，程序才能够继续执行。此信息的出现一定会使程序中断。如“确认紧急停止开关”，确认信息会使机器人无法动作，直到将触发确认信息的因素排除掉并且确认过信息后，机器人才可以再度动作。

（4）等待信息　出现在程序执行到需要等待条件产生的时候，机器人控制器会停止运作直到等待条件完全满足或程序重新执行。如出现“你想要更改 P1 点的位置吗?”信息时，系统在等待 1 号输入点的信号，然后才会继续执行后续的动作指令。

操作员必须对对话信息作出响应，响应的结果会被储存为相关的变量。直到信息被确认后，程序随即恢复继续运行。此时“YES”和“NO”的功能键会显示在功能键栏中，其中之一按键被压下后，此信息指示随即消失。

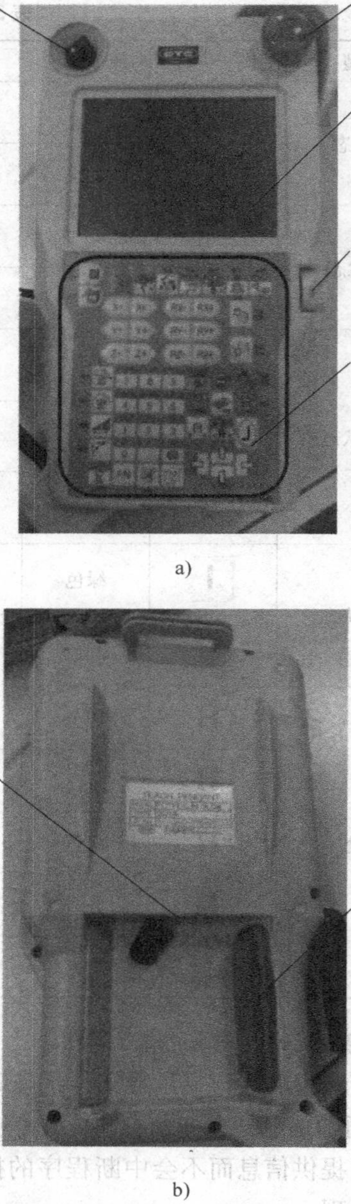

a)

b)

图 3-9　OTC 示教编程器外观

3.4.3　OTC 机器人示教器功能

1. 示教器的外观

如图 3-9 所示，在示教器上有操作键、按钮、开关、缓动旋钮等，可执行程序编写或各种设定。可为同时按住［动作可能］键时使用的数字键“4～6”分配常用命令（功能组），为“7～9”分配移动命令。此外，也可为缓动旋钮分配功能使用。

2. 按钮、开关的功能

（1）［TP 选择开关］ 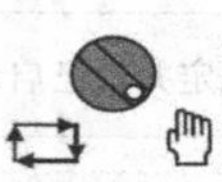 与操作面板或操作盒上的［模式转换开关］组合，切换示教模式与再生模式。

（2）［紧急停止按钮］  按下此按钮，机器人紧急停止。若要解除紧急停止，按箭头方向旋转按钮（按钮回归原位）。

（3）［动作可开关］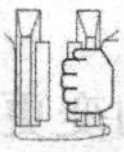 示教模式中手动操作机器人时使用。通常在左手侧，也有左右均装的规格。握住动作可开关向机器人供电，使机器人进入运转准备ON（伺服ON）状态。只在按住该开关期间可手动操作机器人。在危险临近时，请放开动作可开关，或者紧紧握住直到发出“咔嚓”声为止。机器人紧急停止。

（4）［缓动旋钮］ 缓动旋钮有朝纵向转动和朝横向推动两种操作方式。朝纵向转动旋钮操作可移动光标，滚动画面；朝横向推动按钮操作可选择项目，确定输入。此外，可自定义旋钮转动、推动操作的功能，为其分配使用频率高的按键功能。

3. 各操作键的功能

（1）［动作可能］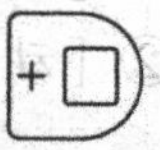 与其他按键同时按下，执行各种功能。此外，在按住该按键的同时推动或转动缓动旋钮，也可执行各种功能。

（2）［上档键］ 与其他按键同时按下，执行各种功能。此外，在按住该按键的同时推动或转动缓动旋钮，也可执行各种功能。

（3）［运转准备ON］ 与［动作可能］键同时按下，使运转准备进入ON状态。

（4）［单元/机构］ ①单独按［单元/机构］键表示机构切换，在系统内连接有多个机构的情况下，切换要手动操作的机构。②［动作可能］+［单元/机构］键同时按下表示单元切换，在系统内定义有多个单元的情况下，切换成为操作对象的单元。

（5）［协调］ 在连接多个机构的系统中，所使用的按键具有以下功能。①单独按［协调］键表示协调手动操作的选择/解除，用于选择/解除协调手动操作。②［动作可能］+［协调］键表示协调操作的选择/解除，在示教时，选择/解除协调动作。针对移动命令指定协调动作，在步号之前会显示“H”。

（6）［插补/坐标］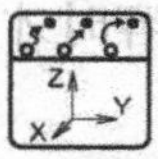 ①单独按［插补/坐标］键表示坐标切换，在手动操作时，切换成以动作为基准的坐标系。每按一次，即在各轴单独、正交坐标（或用户坐标）、工具坐标之间切换，并在液晶画面上显示。②［动作可能］+［插补/坐标］键表示插补种类的切换，切换记录状态的插补种类（关节插补/直线插补/圆弧插补）。

（7）［检查速度/手动速度］ ①单独按［检查速度/手动速度］键表示手动速度的变更，切换手动操作时机器人的动作速度。每按一次，可在1～5范围内切换动作速度（数字越大，速度越快）。

除此之外，还兼有以下功能：在操作模式S下，此按键所选择的手动速度也决定了记录到步的再生速度。此功能在<常数设定>→［5操作和示教条件］→［4记录速度］→［记录速度值－决定方法］中设定。

②［动作可能］+［检查速度/手动速度］表示检查速度的变更，切换检查前进/检查后退动作时的速度。每按一次，可在1~5范围内切换动作速度（数字越大，速度越快）。

（8）［停止/连续］ ①单独按［停止/连续］键表示连续、非连续的切换，切换检查前进/检查后退动作时的连续、非连续。选择连续动作，机器人的动作不会在各步完成后停止。②［动作可能］+［停止/连续］键同时按下表示再生停止，停止再生中的作业程序（具有与［停止按钮］相同的功能）。

（9）［关闭/画面移动］ ①单独按［关闭/画面移动］键表示画面的切换、移动，在显示多个监控画面的情况下，切换成操作对象的画面。②［动作可能］+［关闭/画面移动］键同时按下表示关闭画面，用来关闭选择的监控画面。

（10）［轴操作］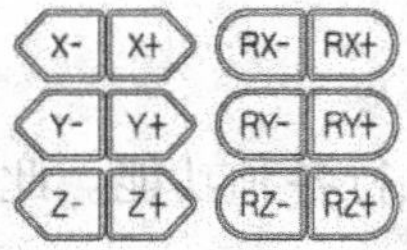

①单独按［轴操作］键不起作用。②［动作可能］+［轴操作］键同时按下表示轴操作，以手动方式移动机器人。要移动追加轴时，预先在［单元/机构］中切换操作的对象。

（11）［检查前进］［检查后退］ ①单独按［检查前进］、［检查后退］键不起作用。②［动作可能］+［检查前进］/［检查后退］表示执行检查前进/检查后退动作。通常在每个记录位置（步）使机器人停下来。也可使机器人连续动作。要切换步/连续，可使用［停止/连续］。

（12）［覆盖/记录］ ①单独按［覆盖/记录］键表示移动命令的记录，在示教时，记录移动命令。仅可在作业程序的最后一步被选择时方可使用。②［动作可能］+［覆盖/记录］表示移动命令的覆盖，将已记录的移动命令覆盖到当前的记录状态（位置、速度、插补种类、精度）。但是，只有在变更移动命令的记录内容时才可覆盖。不可在应用命令上覆盖移动命令，或在别的应用命令上覆盖应用命令。

在操作模式A下可使用［位置修正］，修正已记录的移动命令的记录位置。在操作模式S下可分别使用［位置修正］、［速度］、［精度］，单独修正已记录的移动命令的记录位置、速度、精度。［速度］、［精度］键的功能在＜常数设定＞→［5操作和示教条件］→［1操作条件］→［5速度键的使用方法］或［6精度键的使用方法］中设定。

（13）［插入］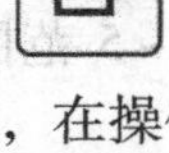 ①单独按［插入］键不起作用。②［动作可能］+［插入］键表示移动命令的插入，在操作模式A下将移动命令插入到当前步之"后"。在操作模式S下将移动命令插入到当前步之"前"。可在＜常数设定＞→［5操作和示教条件］→［1操作条件］→［7步的中途插入位置］中变更"前"或"后"。

（14）［夹紧/弧焊］ 此按键的功能根据应用（用途）的不同而有所差异。

在弧焊用途中，①单独按［夹紧/弧焊］键表示命令的简易选择，在 f 键中显示移动命令、焊接开始和结束命令、焊条摆动命令等常用应用命令，能够输入；②［动作可能］+［夹紧/弧焊］键不起作用。在点焊用途中，①单独按［夹紧/弧焊］键表示点焊命令设定，用于设定点焊命令。每按一次键，在记录状态的 ON/OFF 之间切换 1 次。②［动作可能］+［夹紧/弧焊］键表示点焊手动加压，以手动方式向点焊枪加压。

（15）［位置修正］ ①单独按［位置修正］键不起作用。②［动作可能］+［位置修正］键表示位置修正，将选择的移动命令所记忆的位置变为机器人的当前位置。

（16）［帮助］ 在不清楚操作或功能时，请按该键，调出内置辅导功能（帮助功能）。

（17）［删除］ ①单独按［删除］键不起作用。②［动作可能］+［删除］键表示删除步，删除被选择的步（移动命令或应用命令）。

（18）［复位/R］ 取消输入，或将设定画面恢复原状。此外，还可通过输入 R 代码（快捷方式代码），立即调用想使用的功能。

（19）［程序/步］ ①单独按［程序/步］键表示步指定，要调用作业程序内所指定的步时使用。②［动作可能］+［程序/步］键表示作业程序的指定，调用指定的作业程序。

（20）［Enter］ 确定菜单或输入数值的内容。确定数值输入的另一种方法是通过<常数设定>→［7T/P 键］→［7 数值输入］→［数值输入的确定方法］，用箭头键确定。

（21）［光标］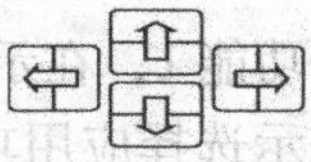 ①单独按［光标］键表示光标移动，用来移动光标。②［动作可能］+［光标］键表示移动、变更。在设定内容由多页构成的情况下，用于执行页面移动。在作业程序编辑画面上，可以执行多行移动。在维护或常数设定画面上，用于切换并排的选择项目（单选按钮）。在示教/再生模式画面上，用于变更当前的步号。

（22）［输出］ 按［输出］键表示应用命令 SETM 的快捷方式，示教中调用输出信号命令（应用命令 SETM <FN105>）的快捷方式。手动信号输出以手动方式使外部信号 ON/OFF。

（23）［输入］ 示教中调用输入信号等待［正逻辑］命令（应用命令 WAITI <FN525>）的快捷方式。

(24)［速度］ 在操作模式A下，可设定移动命令的速度（设定内容被反映在记录状态）。

在操作模式S下，可修正已记录的移动命令的速度。

此功能在<常数设定>→［5 操作和示教条件］→［1 操作条件］→［5 速度键的使用方法］中设定。

(25)［精度］ 在操作模式A下，可设定将要记录的移动命令的精度（设定内容被反映在记录状态）。

在操作模式S下，可修正已记录的移动命令的精度。

此功能在<常数设定>→［5 操作和示教条件］→［1 操作条件］→［6 精度键的使用方法］中设定。

(26)［END/计时器］

①单独按［END/计时器］键表示应用命令DELAY的快捷方式，在示教中记录计时器命令（应用命令DELAY <FN50>）的快捷方式。②［动作可能］+［END/计时器］键表示应用命令END的快捷方式，在示教中记录结束命令（应用命令END <FN92>）的快捷方式。

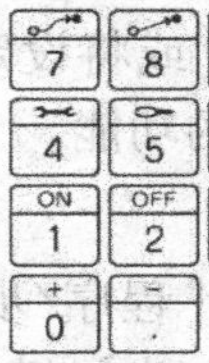

(27) 数值输入键［0］~［9］/［·］ ①单独按数值输入键［0］~［9］/［·］键表示数值输入（0~9、小数点），用于输入数值或小数点。②［动作可能］+［7］键表示选择关节插补功能，是调用关节插补（JOINT）移动命令的快捷方式。③［动作可能］+［8］键表示选择直线插补功能，是调用直线插补（LIN）移动命令的快捷方式。④［动作可能］+［9］键表示选择圆弧插补功能，是调用圆弧插补（CIR）移动命令的快捷方式。

在弧焊用途中：①［动作可能］+［4］键表示选择应用功能1，在示教中把有关弧焊的命令显示在f键（f1~f12）上。②［动作可能］+［5］键表示选择应用功能2，在示教中把有关焊条摆动的命令显示在f键（f1~f12）上。③［动作可能］+［6］键表示选择应用功能3，在示教中把有关传感器的命令显示在f键（f1~f12）上。

在非弧焊用途中：①［动作可能］+［4］键表示选择应用功能1。②［动作可能］+［5］键表示选择应用功能2。③［动作可能］+［6］键表示选择应用功能3。

可为应用功能1~3分配任意功能。①［动作可能］+［1］键表示选择ON的选择，在设定画面等操作上，在复选框中勾选。②［动作可能］+［2］键表示选择OFF的选择，在设定画面等操作上，取消复选框的勾选。③［动作可能］+［3］键表示选择重做（Redo），即取消刚才的操作（Undo），重做恢复原状的操作。仅在新编写作业程序或编辑中有效。④［动作可能］+［0］键表示“+”的输入，即输入“+”。⑤［动作可能］+［·］键表示“-”的输入（同时按下［·］），即输入“-”。

（28）［BS］ ①单独按［BS］键调用删除功能，可删除光标的前 1 个数值或字符。此外，也可在文件操作中解除选择。②［动作可能］+［BS］键表示取消刚才的操作（Undo），恢复变更前的状态。仅在新编写作业程序或编辑中有效。

（29）［FN］（功能） 该按键用于选择应用命令。

（30）［编辑］ 该按键用于打开作业程序编辑画面。在作业程序编辑画面中，主要用于执行应用命令的变更、追加、删除，或者变更移动命令的各参数。

（31）［I/F］（接口） 该按键用于打开接口面板窗口。

（32）f 键　在 f 键显示区，分配有各种图标。根据点焊、弧焊等应用的不同，初始分配的图标也不同。此外，也因选择的模式或操作状况而变换。

4. 缓动旋钮操作分配

旋转或推动示教器上标准配置的缓动旋钮，可实现多种的功能，见在表 3-2 和表 3-3。

表 3-2　缓动旋钮的功能

操　作	使用场合	内　容
	用[上]、[下]、[左]、[右]键移动光标时	上下移动光标
	机器人程序监控选择中	移动当前步。要进行本操作，需要将 <常数设定>→[5 操作和示教条件]→[1 操作条件]→[8 动作可上下的步选择]设为“有效”
	用 f 键翻页时	翻页
	弧焊中的电弧监控编辑模式（在线变更中）	低速增减各焊接条件值
	用[上]、[下]、[左]、[右]键移动光标时	左右移动光标
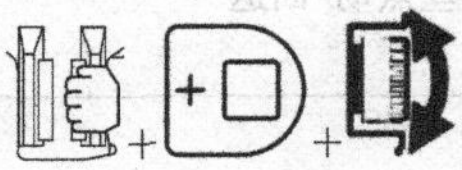	示教模式 机器人程序监控选择中	增减检查速度
		增减手动速度
	机器人程序监控选择中	切换机构
	用 Enter 键选择项目时	选择项目

（续）

操　作	使用场合	内　容
	机器人程序监控选择中	切换单元
	用 f12 键进行值的确定、执行、写入时	进行值的确定、执行、写入
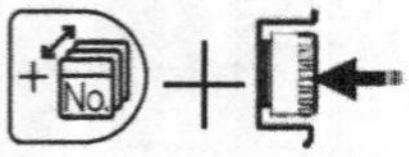	选择机器人程序监控中可用［上］、［下］、［左］、［右］键移动光标时	显示缓动旋钮功能分配对话框，可将表 3-3 所示的功能分配给缓动旋钮（示教模式、再生模式可分配的功能是不同的）

表 3-3　功能分配时的缓动旋钮功能

功能分配状态	操　作	使用场合	内　容
	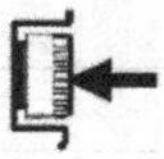	示教模式 机器人程序监控选择中	执行记录
			执行覆盖
			执行位置修正
			切换插补
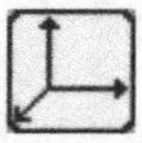			切换坐标
			执行插入
		示教模式 机器人程序监控选择中	使机器人动作
			确认点动/回退的操作方向
	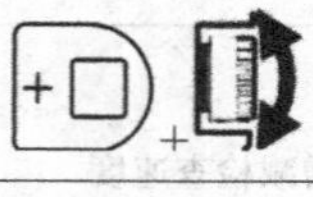	机器人程序监控选择中	使弧焊焊丝点动/回退
			使弧焊焊丝点动/回退

选择机器人程序监控的状态，为缓动旋钮操作进行分配：可为缓动旋钮的推动按钮操作分配记录、覆盖等常用按键操作，为缓动旋钮的旋转操作分配手动运行等功能。

1）在示教模式，机器人程序监控选择中，按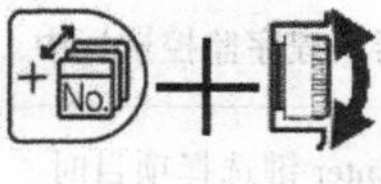，显示如图 3-10 所示缓动旋钮功能分配对话框图。

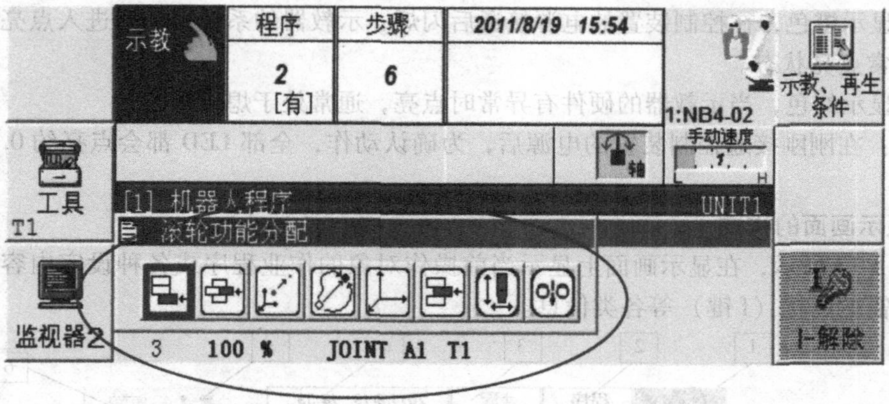

图 3-10 缓动旋钮功能分配对话框图 1

2）转动缓动旋钮，从图标（记录/覆盖/位置修正/插补/坐标/插入/手动操作）中选择需要的图标，按下按钮，或者触摸图标，分配选择的功能，如图 3-11 所示在“可变状态显示区”显示图标。

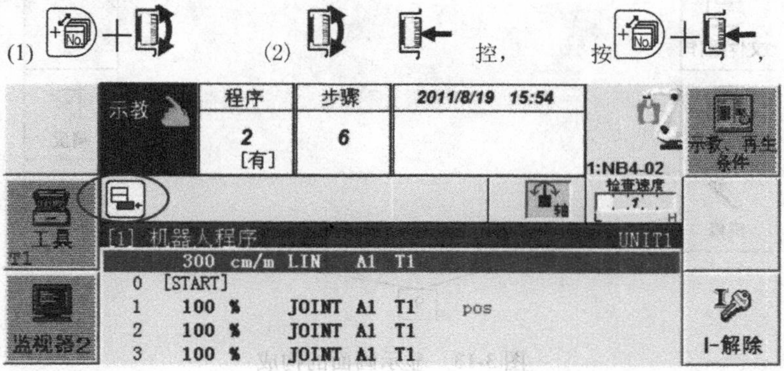

图 3-11 缓动旋钮功能分配对话框图 2

5. 解除缓动旋钮分配

在“可变状态显示区”显示缓动旋钮功能分配图标的状态，选择机器人程序监控，按，分配被解除，图标消失。若将操作模式从示教模式切换为再生模式，为缓动旋钮分配的功能也会自动解除。

6. LED 功能

如图 3-12 所示，示教器上的各操作键上部有 LED，具有以下功能：

A 灯显示绿色，在运转准备 ON 的准备状态闪烁，在运转准备 ON（伺服 ON）时点亮。与操作面板或操作盒上的［运转准备投入按钮］的绿色指示灯相同。

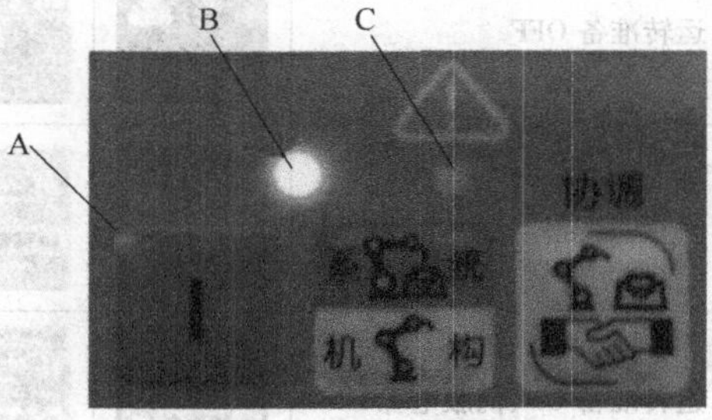

图 3-12 示教器的 LED

B 灯显示橙色，在控制装置的电源接通后闪烁，示教器的系统启动后进入点亮状态，之后处于正常点亮状态。

C 灯显示红色，当示教器的硬件有异常时点亮，通常处于熄灭状态。

提示：在刚刚接通控制装置的电源后，为确认动作，全部 LED 都会点亮约 0.5s，然后熄灭。

7. 显示画面的构成

如图 3-13 所示，在显示画面上显示当前操作对象的作业程序或各种设定内容，以及选择功能所需的图标（f 键）等各类信息。

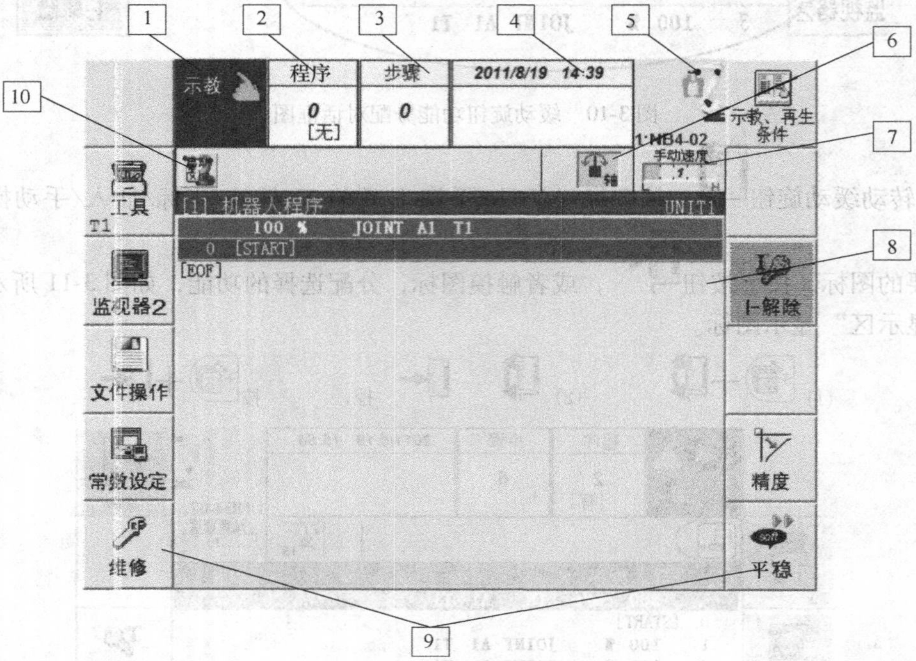

图 3-13 显示画面的构成

1 为模式显示区：显示选择的模式（示教/再生/高速示教）。此外，还一并显示运转准备、启动中、紧急停止中的各种状态，见表 3-4。

表 3-4 状 态 显 示

状 态	示教模式	再生模式	状 态	示教模式	再生模式
运转准备 OFF			运转准备 ON、检查前进/后退操作中（示教模式）、启动中（再生模式）		
运转准备 ON、伺服电源 OFF			紧急停止中		
运转准备 ON、伺服电源 ON					

2 为作业程序编号显示区：显示选择的作业程序编号。

3 为步号显示区：显示作业程序内选择的步号，步骤总数显示在步号上。

4 为日时显示区：显示当前日期和时间。

5 为机构显示区：显示成为手动运行对象的机构、机构编号及机构名称（型号）。若是多重单元规格的机器人，也一并显示成为示教对象的单元编号。

6 为坐标系显示区：显示选择的坐标系，见表 3-5。

表 3-5 坐标系的显示

坐标系的种类	显 示	坐标系的种类	显 示
轴坐标系		绝对坐标系(世界坐标系)	
机器坐标系		圆柱坐标系	
工具坐标系		用户坐标系	
工件坐标系		焊接线坐标系	

7 为速度显示区：显示手动速度。按［动作可能］按钮，显示检查速度，见表 3-6。

表 3-6 速度的显示

速 度	显 示	速 度	显 示
手动速度	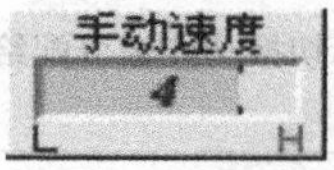	检查速度	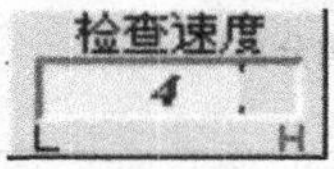

8 为监控显示区：显示作业程序的内容（初始设定时）。

9 为 f 键显示区：触摸被称作 f 键的显示区，显示可选择的功能。左边六个相当于 f1 ~ f6，右边六个相当于 f7 ~ f12。

10 为可变状态显示区：在此区内以图标形式显示表 3-7 中的“输入等待（I 等待）中”或“外部启动选择中”等各种状态。该状态一结束，图标即消失。

表 3-7 状态的图标显示

状 态	图 标	状 态	图 标
外部信号的输入等待中(Ⅰ等待中)		“启动选择：内部”“程序选择：外部”的选择中	
“启动选择：外部”“程序选择：内部”的选择中		“启动选择：外部”“程序选择：外部”的选择中	

（续）

状 态	图 标	状 态	图 标
软件 PLC 启动中		机构连接状态 数值：机构编号-连接中的子机构编号	
软件 PLC 停止中		机构脱离状态 数值：机构编号-连接中的子机构编号	
机械锁设定中		可启动领域内	
空转设定中		登录中（以 3 位数字表示用户 ID）	
通过以太网与外部 PC 连接中		记录功能被分配给缓动旋钮	
自动备份中（目前的备份进展情况以百分数的形式显示）		覆盖功能被分配给缓动旋钮	
暂时停止中（仅限工位启动时）		位置修正功能被分配给缓动旋钮	
保持中或暂停中（仅在再生中输入保持信号或暂停信号时显示）		插补类别切换功能被分配给缓动旋钮	
机构分离中		坐标切换功能被分配给缓动旋钮	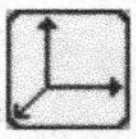
I/O 模拟模式选择中		插入功能被分配给缓动旋钮	
J5 轴为特异点的状态		手动操作功能被分配给缓动旋钮	
伺服枪：枪搜索基准位置写入中		焊丝的点动/退回功能被分配给缓动旋钮	
伺服枪：存储位置确认模式选择中		触摸屏已锁定	

8. 触摸屏

OTC 示教器的标准配置有触摸屏，出厂时触摸屏被设为可操作状态。通过设定有效/无效，可切换是否使用触摸屏进行操作。

如果示教器在某一设定时间内没有进行操作，那么即使触摸屏已启用，也可设定为暂时锁定（无法操作），即“触摸屏锁定”功能，可以避免因无意识地触摸到触摸屏而引起的不必要输入。系统默认启用触摸屏锁定功能。

如果使用触摸屏锁定功能锁定触摸屏，则在状态的图标显示中显示如图 3-14 所示的图标。

如使用操作键或缓动旋钮，则触摸屏自动解锁。改变触摸屏设定的方法如下：

1）将操作者资质改为 EXPERT 以上。

2）选择 <常数设定>→[7 T/P 键]→[10 触摸屏]。显示如图 3-15 所示设定界面。其中，如果 <常数设定>→[7 T/P 键]→［9 备选功能键操作］设定为“无输入键方法”，则触摸屏操作无法禁用。

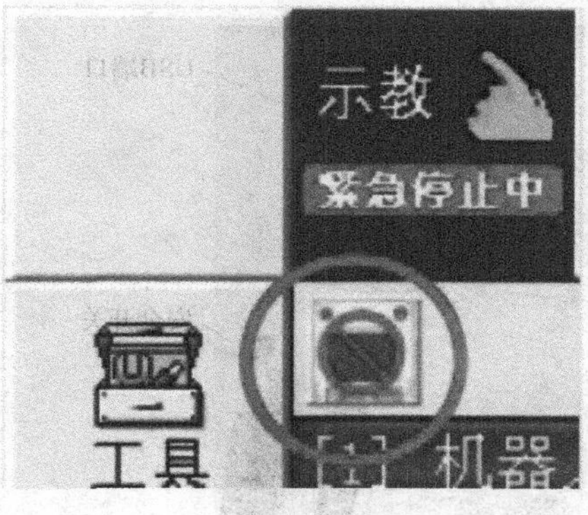

图 3-14　OTC 示教器触摸屏界面

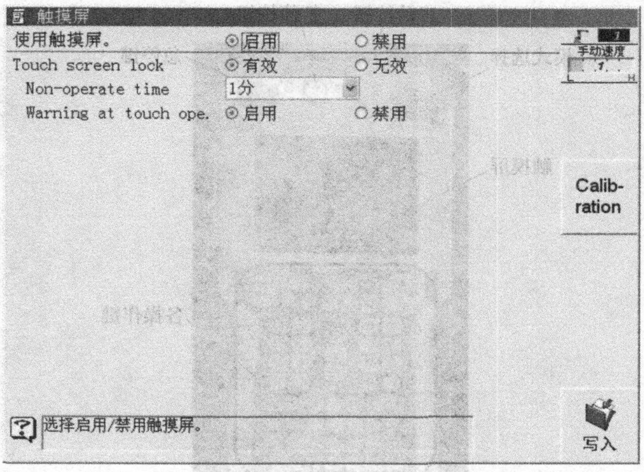

图 3-15　OTC 示教器触摸屏设定界面

3）使用［动作可能］+［左右］选择项目以启用或禁用触摸屏操作。

为改变其他设定项目，使用［上］、［下］键将光标移动至您想改变的项目，设定见表 3-8。

表 3-8　OTC 示教器触摸屏设定

项　目	详 细 情 况
使用触摸屏	选择“启用”使触摸屏操作有效；选择“禁用”使其无效
Touch screen lock	选择“启用”使用触摸屏锁定功能，或选择“无效”不使用该功能
Non-operate time	设定触摸屏锁定后的非使用时长
Warning at touch ope	选择“启用”以在锁定期间触摸触摸屏时显示信息。选择“禁用”则不显示该信息

4）选择项目后，按 f12 写入，设定完成。

3.4.4　MOTOMAN 机器人示教器功能

MOTOMAN 公司的机器人无线示教器（见图 3-16）功能包括启动机器人、示教程序（手控机器人）、编制程序和状态显示。具体功能如下：

启动机器人：在远程模式下，操作人员可以通过示教器对机器人进行以下与开始运行有关的操作——接通伺服电源、启动、调出主程序、设定循环等。

示教程序（手控机器人）：操作人员通过对示教器按钮的手动操作遥控机器人，示教器读取和记录操作人员的动作指令，实时将指令发送给控制器，控制机器人的运动，并可让机器人实现再现操作。

编制程序：在示教模式下，操作人员可通过示教器按键进行程序编码，示教器读取功能键输入的编辑信息，并利用本地编辑器进行编辑和显示程序；操作人员确认后，示教器将程序发送给控制器。

状态显示：从控制器获取机器人状态信息，友好地回显到示教器显示屏上。

1. 示教器的外观

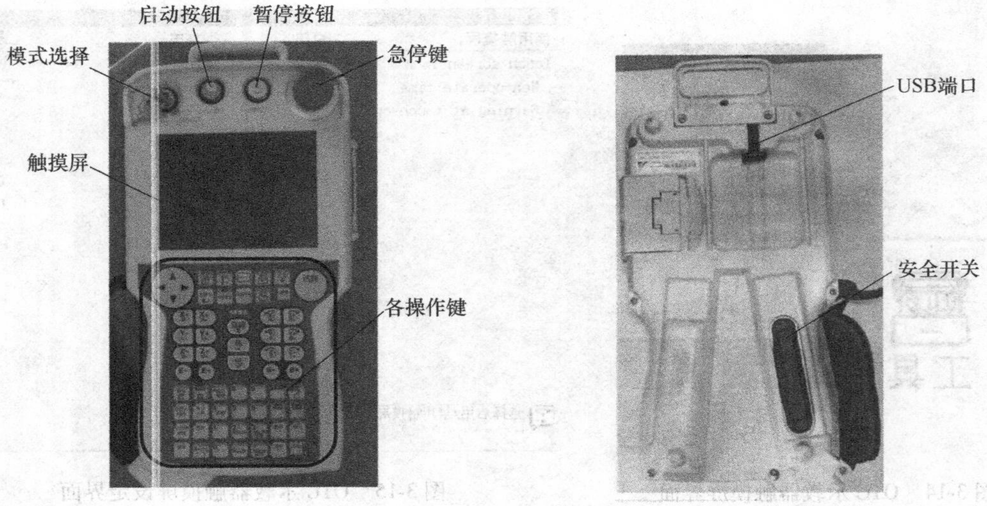

a)　　　　b)

图 3-16　MOTOMAN 机器人示教器

2. 各种按钮的功能

（1）［急停按钮］  按下此按钮，伺服电源切断。切断伺服电源后，示教编程器的 SERVO ON LED 的指示灯熄灭，屏幕上显示急停信息。

（2）［安全开关］  按下此键，伺服电源接通。在 SERVO ON LED 的指示灯闪烁状态下，安全插头设定为 ON，模式旋钮设定在“TEACH”上时，轻轻握住安全开关，伺服电源接通，此时，若用力握紧，则伺服电源切断。

（3）［启动］ 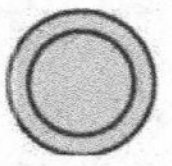 按下此按钮，机器人开始再现运行。

再现运行中，此指示灯点亮。

通过专用输入的启动信号使机器人开始再现运行时，此指示灯也点亮。

由于发生报警、暂停信号或转换模式使机器人停止再现运行时，该指示灯熄灭。

（4）［暂停］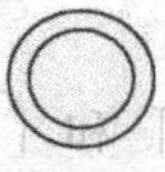 按下此键，机器人暂停运行。此键在任何模式下均可使用。

此键指示灯只在按住此键时点亮，放开时熄灭。机器人未得到再次启动命令时，即使此灯熄灭，机器人仍处于停止状态。

暂停指示灯亮时，表示系统进入暂停状态，在以下情况下，该灯也自动点亮。另外，该灯点亮时机器人不能启动及进行轴操作。

①通过专用输入使暂停信号打开。

②远程模式时，通过外部设备发出暂停请求。

③各种作业引起的停止（如弧焊时的焊接异常等）。

（5）［模式旋钮］

选择再现模式、示教模式或远程模式。

PLAY：再现模式。可对示教完的程序进行再现运行。在此模式中，外部设备发出的启动信号无效。

TEACH：示教模式。可用示教编程器进行轴操作和编辑。在此模式中，外部设备发出的启动信号无效。

REMOTE：远程模式。可通过外部信号进行操作。在此模式中，［START］按钮无效。

3. 各种键的功能

（1）［光标］ 按此键时，光标朝箭头方向移动。

根据画面的不同，光标的大小、可移动的范围和区域有所不同。

在显示程序内容的画面中，光标在“NOP”行时，按光标键的向上箭头，光标将跳到程序最后一行；光标在“END”行时，按光标键的向下箭头，光标将跳到程序第一行。

［转换］+上：退回画面的前页。

［转换］+下：翻至画面的下页。

［转换］+右：向右滚动程序内容画面、再现画面的命令区域。

［转换］+左：向左滚动程序内容画面、再现画面的命令区域。

（2）［选择］

选择“主菜单”“下拉菜单”的键。

（3）［主菜单］

该键用于显示主菜单。在主菜单显示的状态下按下此键，主菜单关闭。

［转换］+［主菜单］：当一个窗口打开时，按此两键，窗口按以下顺序变换：窗口→子菜单→主菜单。

（4）［区域］

按下此键，光标在“菜单区”和“通用显示区”间移动。

当同时按［转换］键时，可进行语言转换（具有双语功能时可用）。

光标键［下］+［区域］：把光标移动到屏幕上显示的操作键上。

光标键［上］+［区域］：当光标在操作键上时，把光标移动到通用显示区。

（5）［翻页］ 按下此键，显示下页。［转换］+［翻页］和［转换］键同时按，显示上页。只有在屏幕的状态区域显示翻页图标时，才可进行翻页。

（6）［直接打开］

按下此键，显示与当前行相关联的内容。

显示程序内容时，把光标移到命令上，按此键后，显示出与此命令相关的内容。

例如：对于 CALL 命令，显示被调用的程序内容。对于作业命令，显示条件文件的内容。对于输入/输出命令，显示输入/输出状态。

（7）［坐标］

手动操作时，此键为机器人的动作坐标系选择键。可在关节、直角、圆柱、工具和用户 5 种坐标系中选择。此键每按一次，坐标系按以下顺序变化：“关节”→“直角/圆柱”→“工具”→“用户”，被选中的坐标系显示在状态区域。

［转换］+［坐标］：坐标系为工具坐标系或用户坐标系时，按下此两键，可更改坐标序号。

（8）［手动速度键］

手动操作时，此键为机器人运行速度的设定键。此时设定的速度在［前进］和［后退］的动作中均有效。手动速度有 4 个等级（低、中、高和微动）。

每按一次［高］，速度按以下顺序变化：“微动”→“低”→“中”→“高”。

每按一次［低］，速度按以下顺序变化：“高”→“中”→“低”→“微动”。

被设定的速度显示在状态区域。

（9）［高速］

手动操作时，按住轴操作键中的任意键再按此键，此时机器人可快速移动，没有必要进行速度修改。

按此键时的速度，已预先设定。

（10）［插补方式］

该键是再现运行时，机器人插补方式的指定键。所选定的插补方式种类显示在输入缓冲区。

每按一次此键，插补方式做如下变化：“MOVJ”→“MOVL”→“MOVC”→“MOVS”。

［转换］+［插补方式］：按此两键，插补方式按以下顺序变化：“标准插补方式”→“外部基准点插补方式”→“传送带插补方式”，在任何模式下，均可变更插补方式。其中，“外部基准点插补方式”和“传送带插补方式”是选项功能。

（11）［机器人切换］

该键是轴操作时，机器人轴切换键。在由一个控制柜控制多台机器人的系统或带有外部轴的系统中，［机器人切换］键有效。

（12）［外部轴切换］

该键是轴操作时，外部轴（基座轴或工装轴）切换键。在带有外部轴的系统中，［外部轴切换］键有效。

(13)［轴操作键］ 该键是对机器人各轴进行操作的键。只有按住轴操作键，机器人才动作，可以按住两个或更多的键，操作多个轴。机器人按照选定坐标系和手动速度运行，在进行轴操作前，请务必确认设定的坐标系和手动速度是否正确。

(14)［试运行］

此键与［联锁］键同时按下时，机器人运行，可把示教的程序点作为连续轨迹加以确认。

在三种循环方式中（连续、单循环、单步），机器人按照当前选定的循环方式运行。

机器人以命令速度运行，但当命令速度超过示教模式最高速度时，以示教模式最高速度运行。

［联锁］+［试运行］：同时按下此两键，机器人沿示教点连续运行。在连续运行中，松开［试运行］键，机器人停止运行。

(15)［前进］

按住此键时，机器人按示教的程序点轨迹运行。只执行移动命令。

［联锁］+［前进］：执行移动命令以外的其他命令。

［转换］+［前进］：连续执行移动命令。

机器人按照设定的手动速度运行，在开始操作前，请务必确认设定的手动速度是否正确。

(16)［后退］

按住此键时，机器人按示教的程序点轨迹逆向运行。只执行移动命令。机器人按照设定的手动速度运行，在开始操作前，请务必确认设定的手动速度是否正确。

(17)［命令一览］

在程序编辑中，按此键后显示可输入的命令一览。

(18)［清除］

按下此键，清除输入中的数据和错误。

(19)［删除］

按下此键，删除已输入的命令。

此键指示灯点亮时，按下［回车］键，删除完成。

(20)［插入］

按下此键，插入新命令。

此键指示灯点亮时，按下［回车］键，插入完成。

(21)［修改］

按下此键，修改示教的位置数据、命令等。

此键指示灯点亮时，按下［回车］键，修改完成。

(22)［回车］

该键用于执行命令或数据的登录，机器人当前位置的登录及与编辑操作等相关的各项处理时的最后的确认操作。

在输入缓冲行中显示有命令或数据时，按［回车］键后，会输入到显示屏的光标所在位置，完成输入、插入、修改等操作。

(23)［转换］

该键与其他键同时使用，有各种不同功能。可与［转换］键同时使用的键有：［主菜单］、［坐标］、［插补方式］、光标、数值键、翻页键。

关于［转换］键与其他键同时使用的功能，请参阅各键的说明。

(24)［联锁］

该键与其他键同时使用，有各种不同功能。可与［联锁］键同时使用的键有：［试运行］、［前进］、数值键（数值键的用户定义功能）。

关于［联锁］键与其他键同时使用的功能，请参阅各键的说明。

(25) 数值键当输入行前出现“ > ”时，按数值键可输入键的左上角的数值和符号。“.”是小数点，“-”是减号或连字符。

数值键也作为用途键来使用，有关细节请参考各用途的说明。

(26)［伺服准备］

按下此键，伺服电源有效接通。

由于急停、超程等原因伺服电源被切断后，用此键有效地接通伺服电源。

按下此键后：①再现模式时，安全栏关闭的情况下，伺服电源被接通。②示教模式时，此键的指示灯闪烁，安全开关接通的情况下，伺服电源被接通。③伺服电源接通期间，此键指示灯亮。

(27)［退位］

该键在输入字符时，删除最后一个字符。

4. 示教编程器的画面显示（见图 3-17）

(1) 5 个显示区　示教编程器的显示屏是 6.5 英寸的彩色显示屏，能够显示数字、字母和符号。显示屏分为 5 个显示区，其中的通用显示区、菜单区、人机接口显示区和主菜单区可以通过按［区域］键从显示屏上移开，或用直接触摸屏幕的方法选中对象。

操作中，显示屏上显示相应的画面，该画面的名称显示在通用显示区的左上角。

(2) 通用显示区　在通用显示区，可对程序、特性文件、各种设定进行显示和编辑。

根据画面的不同，画面下方显示操作键。

按［区域］+ 光标［下］键，光标从通用显示区移动到操作键。

按［区域］+ 光标［上］键，或按［清除］键，光标从操作键移动到通用显示区。

按光标［左］或光标［右］键，光标在操作键之间移动。

要执行哪个操作键，则把光标移动到该操作键上，然后按［选择］键。

执行：继续操作在通用显示区显示的内容。

完成：完成在通用显示区显示的设定的操作。

中断：当用外部存储设备进行安装、存储、校验时，可以中断处理。

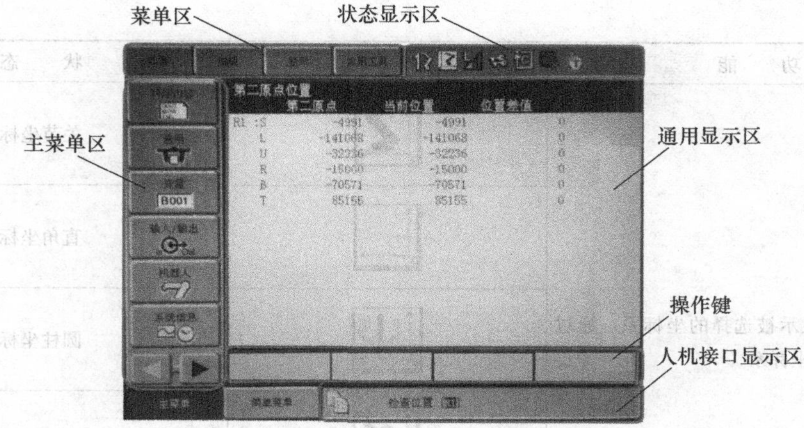

图 3-17　MOTOMAN 机器人示教器画面显示

解除：设定解除超程和碰撞传感功能。

消除：消除报警（不能消除重大报警）。

进入指定页面：跳转到指定画面。

在可以切换页面的画面，选择“进入指定页面”后，在对话框中直接输入页号，再按［回车］键。

在页面可以列表选择时，选择“进入指定页面”后，显示列表，通过上下移动光标，选定所需条目后按［回车］键。

（3）主菜单区　每个菜单和子菜单都显示在主菜单区，通过按［主菜单］键或单击画面左下部的“主菜单”显示主菜单。

（4）状态显示区　状态显示区（见图 3-18）显示控制柜的状态，显示的信息根据控制柜的模式不同（再现/示教）而改变。状态显示区功能见表 3-9。

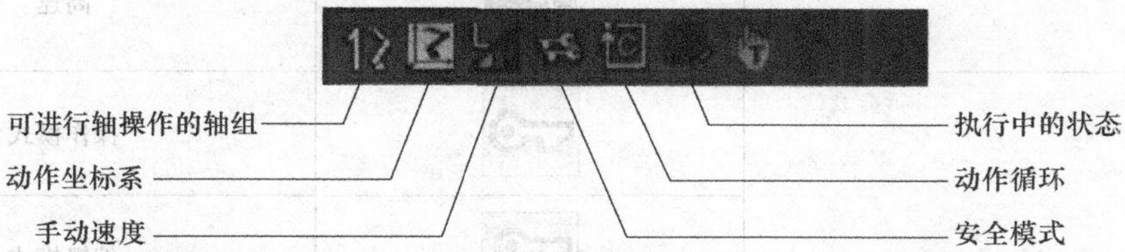

图 3-18　MOTOMAN 机器人状态显示区

表 3-9　MOTOMAN 机器人状态显示区

功　能	图　标	状　态
可进行轴操作的轴组：在带工装轴的系统和有多台机器人轴的系统中，轴操作时，显示可能操作的轴组		最多 4 台（机器人轴）
	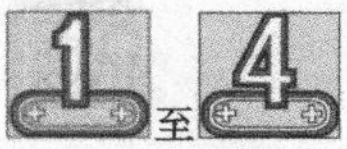	最多 4 轴（基座轴）
		最多 12 轴（工装轴）

（续）

功　能	图　标	状　态
动作坐标系：显示被选择的坐标系。通过按[坐标]键选择坐标系		关节坐标
		直角坐标
		圆柱坐标
		工具坐标
		用户坐标
手动速度：显示被选定的手动速度		微动
		低速
		中速
		高速
安全模式		操作模式
		编辑模式
		管理模式
动作循环：显示当前的动作循环		单步
		单循环
		连续

（续）

功　　能	图　　标	状　　态
执行中的状态：显示当前状态（停止，暂停，急停，报警或运行）		停止中
		暂停中
执行中的状态：显示当前状态（停止，暂停，急停，报警或运行）		急停中
	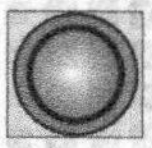	报警中
		运行中
翻页		能够翻页时显示

（5）人机接口显示区　当有两个以上的错误信息时，人机接口显示区显示▤标记。

激活人机接口显示区，按［选择］键，可浏览当前错误表。按［清除］键，可关闭错误表。

（6）菜单区　菜单区用于编辑程序、管理程序，执行各种实用工具的功能。

5. 文字输入操作

在文字输入画面中，显示有软键盘，把光标移动到准备输入的字符上，按［选择］键，字符进入对话框，如图 3-19 所示。

软键盘共有三种，大写字母、小写字母和符号软键盘，字母软键盘和符号软键盘的切换方法是：单击画面上的按钮或按示教编程器上的［翻页］键。字母软键盘的大小写切换方法：单击“CapsLock OFF”或“CapsLock ON”。

（1）字符的输入　数字的输入可以用数值键，也可以用显示屏中的数字画面输入。数字包括 0～9，小数点（.）和减号/连字符（－）。按［翻页］键，使画面显示字符软键盘，把光标移到想选择的字符上，按［选择］键进行确认。

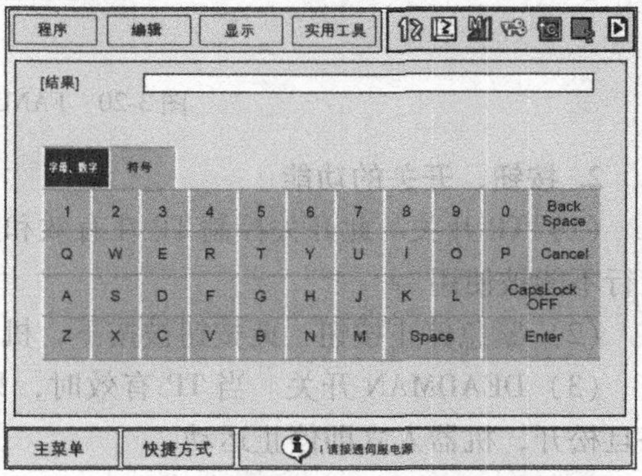

图 3-19　MOTOMAN 机器人示教器字符输入

（2）符号的输入　按［翻页］键，使画面显示符号软键盘，把光标移到想选择的字符上，按［选择］键进行确认。需要注意的是，由于符号不能作为程序名称，在为程序命名的情况下，符号输入画面不能显示。

3.4.5 FANUC 机器人示教器功能

1. 示教器的外观

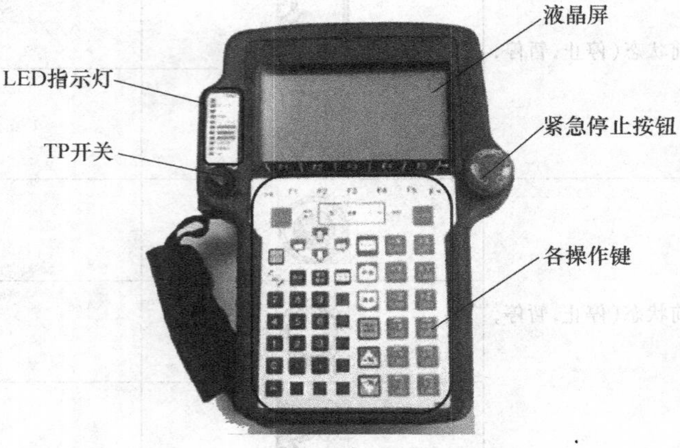

a)

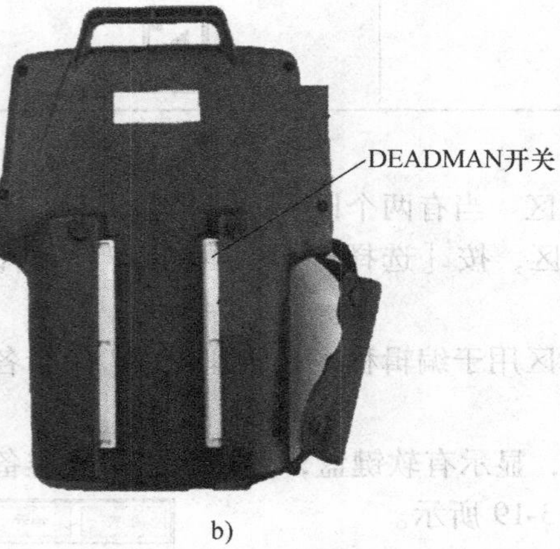

b)

图 3-20 FANUC 示教编程器外观

2. 按钮、开关的功能

（1）TP 开关 此开关控制 TP 在有效和无效间切换，当 TP 无效时，示教、编程、手动运行不能被使用。

（2）紧急停止按钮 此按钮被按下，机器人立即停止运动。

（3）DEADMAN 开关 当 TP 有效时，只有 DEADMAN 开关被按下，机器人才能运动，一旦松开，机器人立即停止运动。

3. 各操作键的功能

（1）[PREV] 显示上一屏幕。

（2）[SHIFT] 与其他键一起执行特定功能。

（3）[MENUS] 使用该键显示屏幕菜单。

（4）[Cursor] 光标键，使用这些键移动光标。

（5）[STEP] 使用这个键在单步执行和循环执行之间切换。

（6）［RESET］ 使用这个键清除警告。

（7）［BACK SPACE］ 使用这个键清除光标之前的字符或者数字。

（8）［ITEM］ 使用这个键选择它所代表的项。

（9）［ENTER］ 使用该键输入数值或从菜单选择某个项。

（10）［POSN］ 使用该键显示位置数据。

（11）［ALARMS］ 使用该键显示警告屏幕。

（12）［QUEUE］ 使用该键显示任务队列屏幕。

（13）［APPL INST］ 使用该键显示测试循环屏幕。

（14）［SATUS］ 使用该键显示状态屏幕。

（15）［MOVE MENU］ 使用该键来显示运动菜单屏幕。

（16）［MAN FCTNS］ 使用该键来显示手动功能屏幕。

（17）［Jog Speed］ 使用这些键来调节机器人的手动操作速度。

（18）［COORD］ 坐标系键，使用该键来选择手动操作坐标系。

（19）［Jog］使用这些键来手动操作机器人。

（20）［BWD］ 使用该键从后向前地运行程序。

（21）［FWD］ 使用该键从前至后地运行程序。

（22）［HOLD］使用该键停止机器人。

（23）［Program］ 程序键，使用这些键选择菜单项。

（24）［FCTN］ 使用该键显示附加菜单。

4. TP 上的指示灯

（1）FAULT：显示一个报警出现。

（2）HOLD：显示暂停键被按下。

（3）STEP：显示机器人在单步操作模式下。

（4）BUSY：显示机器人正在工作，或者程序被执行，或者打印机和磁盘驱动器正在被操作。

（5）RUNNING：显示程序正在被执行。

（6）I/O ENBL：显示信号被允许。

（7）PROD MODE：显示系统正处于生产模式，当接受到自动运行启动信号时，程序开始运行。

（8）TEST CYCLE：显示 REMOTE/LOCAL 设置为 LOCAL，程序正在测试执行。

（9）JOINT：显示示教坐标系是关节坐标系。

（10）XYZ：显示示教坐标系是通用坐标系或用户坐标系。

（11）TOOL：显示示教坐标系是工具坐标系。

5. 屏幕菜单（MENU）介绍

（1）UTILITIES：显示提示。

（2）TEST CYCLE：为测试操作指定数据。

（3）MANUAL FCTNS：执行宏指令。

（4）ALARM：显示报警历史和详细信息。

（5）I/O：显示和手动设置输出，仿真输入/输出及分配信号。

(6) SETUP：设置系统。

(7) FILE：读取或存储文件。

(8) SOFT PANEL：执行经常使用的功能。

(9) USER：显示用户信息。

(10) SELECT：列出和创建程序。

(11) EDIT：编辑和执行程序。

(12) DATA：显示寄存器、位置寄存器和堆码寄存器的值。

(13) STATUS：显示系统和弧焊状态。

(14) POSITION：显示机器人当前的位置。

(15) SYSTEM：设置系统变量。

(16) USER2：显示 KAREL 程序输出信息。

6. 功能菜单（FCTN）介绍

(1) ABORT：强制中断正在执行或暂停的程序。

(2) Disable FWD/BWD：使用 TP 执行程序时，选择 FWD/BWD 是否有效。

(3) CHANGE GROUP：改变组（只有多组被设置时才会显示）。

(4) TOG SUB GROUP：在机器人标准轴和附加轴之间选择示教对象。

(5) RELEASE WAIT：跳过正在执行的等待语句。当等待语句被释放，执行中的程序立即被暂停，并在下一个语句处等待。

(6) QUICK/FULL MENUS：在快速菜单和完整菜单之间选择。

(7) SAVE：保存当前屏幕中相关的数据到磁盘中。

(8) PRINT SCREEN：打印当前屏幕的数据。

(9) UNSIM ALL I/O：取消所有 I/O 信号的仿真设置。

(10) CYCLE POWER：重新启动（相当于 POWER ON/OFF）。

(11) ENABLE HMI MENUS：用来选择当按住 MENUS 键时，是否需要显示菜单。

第 4 章 工业机器人的编程

机器人的程序编制是机器人运动和控制的结合点，是实现人与机器人交互的主要方法。机器人编程可分为：用示教编程器进行现场编程，直接用机器人语言编程以及面向任务的机器人编程语言编程。

4.1 工业机器人编程语言

机器人语言编程是指采用专用的机器人语言来描述机器人的运动轨迹。机器人语言不但能准确地描述机器人的作业动作，而且能描述机器人的现场作业环境，如对传感器状态信息的描述等，更进一步还能引入逻辑判断、决策、规划功能及人工智能。机器人编程语言具有良好的通用性，同一种机器人语言可用于不同类型的机器人，也解决了多台机器人协调工作的问题。目前应用于工业中的机器人语言分为动作级编程语言、对象级编程语言和任务级编程语言三类。

1. 动作级编程语言

动作级编程语言是最低一级的机器人语言。它以机器人的运动描述为主，通常一条指令对应机器人的一个动作，表示从机器人的一个位姿运动到另一个位姿。

优点是比较简单，编程容易。缺点是功能有限，无法进行复杂的数学运算，不接受浮点数和字符串，子程序不含有自变量，不能接受复杂的传感器信息，只能接受传感器开关信息，与计算机的通信能力很差。

2. 对象级编程语言

该语言比动作级编程语言高一级，对象即作业及作业物体本身。不需要描述机器人手爪的运动，只要由编程人员用程序的形式给出作业过程的描述和环境模型的描述，即描述操作与操作物之间的关系。通过编译程序机器人即能知道如何动作。

优点：具有动作级编程语言的全部动作功能；有较强的感知能力，能处理复杂的传感器信息，进行控制、测试和监督；具有良好的开放性，语言系统提供了开发平台，用户可以根据需要增加指令，扩展语言功能；数字计算和数据处理能力强，可以处理浮点数，能与计算机进行即时通信。

3. 任务级编程语言

任务级编程语言是比前两类更高级的一种语言，也是最理想的机器人高级语言。这类语言不需要用机器人的动作来描述作业任务，也不需要描述机器人对象的中间状态过程，只需要按照某种规则描述机器人对象的初始状态和最终目标状态，机器人语言系统即可利用已有的环境信息和知识库、数据库自动进行推理、计算，从而自动生成机器人详细的动作、顺序和数据。

例如，当发出“抓取螺钉”的命令时，语言系统从初始位置到目标位置之间寻找路径，在复杂的作业环境中找出一条不会与周围障碍物产生碰撞的合适路径，在初始位置处选择恰当的姿态抓取螺钉，沿此路径运动到目标位置。在此过程中，作业中间状态作业方案的设计、工序的选择、动作的前后安排等一系列问题都由计算机自动完成。

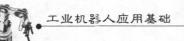

任务级编程语言的结构十分复杂，需要人工智能的理论基础和大型知识库、数据库的支持，目前还不是十分完善，是一种理想状态下的语言，有待于进一步的研究。

4.2 编程语言系统的基本功能

运算功能：是机器人最重要的功能之一，包括机器人的正解、逆解、坐标变换及矢量运算等。

运动功能：是机器人最基本的功能。机器人语言用最简单的方法向各关节伺服装置提供一系列关节位置及姿态信息，由伺服系统实现运动。

决策功能：是指机器人根据作业空间范围内的传感信息而做出的判断决策。这种决策功能一般用条件转移指令由分支程序来实现。

通信功能：即机器人系统与操作人员的通信，包括机器人向操作人员索取信息和操作人员了解机器人的状态、机器人的操作意图等，外设有信号灯、显示屏、按钮、数字或字母键盘等。

工具功能：包括工具种类及工具号的选择、工具参数的选择及工具的动作（工具的开关、分合）。

传感数据处理功能：机器人只有与传感器连接起来才能具有感知能力，具有某种智能。传感器输入和输出信号的形式、性质及强弱不同，往往需要进行大量的复杂运算和处理。

4.3 工业机器人编程指令

编程语言的功能决定了机器人的适应性和给用户的方便性。目前，机器人编程还没有公认的国际标准，各制造厂商有各自的机器人编程语言。在世界范围内，机器人大多采用封闭的体系结构，没有统一的标准和平台，无法实现软件的可重用，硬件的可互换。产品开发周期长，效率低，这些因素阻碍了机器人产业化发展。

为促进我国工业机器人行业的发展，提高我国工业机器人在国际上的竞争能力，避免像国外工业机器人一样，由于编程指令不统一的原因，在一定程度上制约机器人发展，张铁等针对我国工业机器人当前发展的现状，为解决工业机器人发展和应用中企业“各自为政”的问题，提出一套面向弧焊、点焊、搬运、装配等作业的工业机器人产品的编程指令，即工业机器人指令标准（GB/T 29824—2013），为工业机器人离线编程系统的发展提供必要的基础，促进了工业机器人在工业生产中的推广和应用，推动了我国工业机器人产业的发展。

工业机器人编程指令是指描述工业机器人动作指令的子程序库，它包含前台操作指令和后台坐标数据，工业机器人编程指令包含运动类、信号处理类、IO 控制类、流程控制类、数学运算类、逻辑运算类、操作符类编程指令、文件管理指令、数据编辑指令、调试程序/运行程序指令、程序流程命令、程序流程命令、手动控制指令等。

工业机器人指令标准（GB/T 29824—2013）规定了各种工业机器人的编程基本指令，适用于弧焊机器人、点焊机器人、搬运机器人、喷涂机器人、装配机器人等各种工业机器人。

4.3.1　运动指令

运动指令（Move Instructions）：见表 4-1 运动指令是指对工业机器人各关节转动、移动运动控制的相关指令。目的位置、插补方法、运行速度等信息都记录在运动指令中。

表 4-1　运动指令表

名称	功　能	格　式	实　例
MOVJ	以点到点方式移动到示教点	MOVJ ToPoint, SPEED[\V], Zone[\Z];	MOVJ P001,V1000,Z2;
MOVL	以直线插补方式移动到示教点	MOVL ToPoint, Speed[\V], Zone[\Z];	MOVL P001,V1000,Z2;
MOVC	以圆弧插补方式移动到示教点	MOVC Point, Speed[\v], Zone[\Z];	MOVC P0001,V1000,Z2; MOVC P0002,V1000,Z2;
MOVS	以样条插补方式移动到示教点	MOVS ViaPoint, ToPoint, Speed[\V],Zone[\Z];	MOVS P0001,V1000,Z2; MOVS P0002,V1000,Z2;
SHIFTON	开始平移动作		SHIFTON C0001 UF1;
SHIFTOFF	停止平移动作		SHIFTOFF;
MSHIFT	在指定的坐标系中,用数据 2 和数据 3 算出平移量,保存在数据 1 中	MSHIFT 变量名 1,坐标系,变量名 2,变量名 3;	MSHIFT PR001,UF1,P001,P002;

4.3.2　信号处理指令

信号处理指令（Signal Processing Instructions）：见表 4-2，信号处理指令是指对工业机器人信号输入/输出通道进行操作的相关指令，包括对单个信号通道和多个信号通道的设置、读取等。

表 4-2　信号处理指令

名称	功　能	格　式	实　例
SET	将数据 2 中的值转入数据 1 中	SET <数据 1>,<数据 2>;	SET I012,I020;
SETE	给位置变量中的元素设定数据	SETE <数据 1>,<数据 2>;	SETE P012(3),D005;
GETE	取出位置变量中的元素	GETE <数据 1>,<数据 2>;	GETE P012(3),D005;
CLEAR	将数据 1 指定的号码后面的变量清除为 0,清除变量个数由数据 2 指定	CLEAR <数据 1>,<数据 2>;	CLEAR P012(3),D005;
WAIT	等待直到外部输入信号的状态符合指定的值	WAIT IN<输入数>=ON/OFF,T<时间(sec)>;	WAIT IN12=ON,T10; WAIT IN10=B002;
DELAY	停止指定时间	DELAY T<时间(sec)>;	DELAY T12;
SETOUT	控制外部输出信号开和关		SETOUT OUT12 ON(OFF)IF IN2=ON; SETOUT OUT12,ON(OFF);
DIN	把输入信号读入到变量中		DIN B012,IN16; DIN B006,IG2;

4.3.3 流程控制指令

流程控制指令（Flow Control Instructions）：见表4-3，流程控制指令是对机器人操作指令顺序产生影响的相关指令。

表 4-3 流程控制指令

名称	功 能	格 式	实 例
L	标明要转移到的语句	L<标号>：	L123：
GOTO	跳转到指定标号或程序	GOTO L<标签号>； GOTO L<标签号>，IF IN<输入信号>= =ON/OFF； GOTOL<标签号>，IF R<变量名><比较符>数值；	GOTO L002，IF IN14= =ON； GOTO L001；
CALL	调用指定的程序	CALL<程序名称>	CALL TEST1 IF IN17= =ON； CALL TEST2；
RET	返回主程序		RET IF IN17= =OFF； RET；
END	程序结束		END；
NOP	无任何运行		NOP；
#	程序注释	#注释内容	#TART STEP；
IF	判断各种条件。附加在进行处理的其他命令之后	IF CONDITION THEN STATEMENT {ELSEIF CONDITION THEN…} {ELSE} ENDIF	IF R004= =1 THEN SETOUT DO11_10，ON； DELAY 0.5； MOVJ P0001，v100，Z2； ENDIF；
UNTIL	在动作中判断输入条件。附加在进行处理的其他命令之后使用		MOVL P0001，V1000，UNTIL IN11= =ON；
MAIN	MAIN主程序的开始；只能有一个主程序。MAIN是程序的入口，EOP是程序的结束。MAIN-EOP，必须一起使用，形成主程序区间。在一个任务文件中只能使用一次。EOP（End Of Program）表示主程序的结尾	MAIN；{程序体}EOP；	MAIN； MOVJ P0001，V200，Z0； MOVL P0002，V100，Z0； MOVL P0003，V100，Z1； EOP；
FUNC	FUNC函数的开始；NAME，函数名ENDFUNC程序的结束FUNC…ENDFUNC，必须一起使用，形成程序区间。FUNC可以在MAIN-EOP区域之外，也可以单独在一个没有MAIN函数的程序文件中	FUNC … NAME.（PARAMETER）{函数体}	

（续）

名称	功　能	格　式	实　例

FOR	重复程序执行	FOR 循环变量 = 起始值 TO 结束值 BY 步进值
		程序命令
		ENDFOR;
			FOR I001 =0 TO 10 BY 1
			MOVJ P0001,V10,Z0;
			SETOUT OUT10,OFF;
			MOVL P0002,V100,Z1;
			ENDFOR;

WHILE	当指定的条件为真（TRUE）时，程序命令被执行。如果条件为假时（FALSE），WHILE 语句被跳过	WHILE 条件
		程序命令
		ENDWL;
			WHILE R004 <5
			MOVJ P001,V10,Z0;
			MOVL P002,V20,Z1;
			ENDWL;

DO	创建一个 DO 循环	DO
		程序命令
		DOUNTILL 条件
			DO
			MOVJ P0001,V10,Z0;
			SETOUT OUT10,OFF;
			MOVL P0002,V100,Z1;
			INCR I001;
			DOUNTILL I001 >4;

CASE	根据特定的情形编号执行程序	CASE 索引变量
		VALUE 情况值 1,…:
		程序命令 1
		VALUE 情况值 2,…:
		程序命令 2
		VALUE 情况值 n,…:
		程序命令 3
		ANYVALUE
		程序命令 4
		ENDCS;
			CASE I001
			VALUE 1,3,5,7:
			MOVJ P0001,V10,Z0;
			VALUE 2,4,5,8:
			MOVJ P0002,V10,Z0;
			VALUE 9:
			MOVJ P0003,V10,Z0;
			ANYVALUE:
			MOVJ P0000,V10,Z0;
			ENDCS;

PAUSE	暂时停止（暂停）程序的执行	PAUSE;	PAUSE;
HALT	停止程序执行。此命令执行后，程序不能恢复运行	HALT;	HALT;
BREAK	结束当前的执行循环	BREAK;	BREAK;

4.3.4 数学运算指令

数学运算指令（Math Instructions）：见表 4-4，数学运算指令是指对程序中相关变量进行数学运算的指令。

表 4-4 数学运算指令

名称	功　能	格　式	实　例
INCR	在指定的变量值上增加 1		INCR I038;
DECR	在指定的变量值上减 1		DECR I038;

（续）

名称	功 能	格 式	实 例
ADD	把数据1与数据2相加，结果存入数据1	ADD＜数据1＞，＜数据2＞；	ADD I012，I013；
SUB	把数据1与数据2相减，结果存入数据1	SUB＜数据1＞，＜数据2＞；	SUB I012，I013；
MUL	把数据1与数据2相乘，结果存入数据1	MUL＜数据1＞，＜数据2＞； 数据1可以是位置变量的一个元素 Pxxx(0)：全轴数据 Pxxx(1)：X轴数据， Pxxx(2)：Y轴数据 Pxxx(3)：Z轴数据， Pxxx(4)：T_x轴数据 Pxxx(5)：T_y轴数据， Pxxx(6)：T_z轴数据	MUL I012，I013； MUL P001(3)，2；(用Z轴数据与2相乘)
DIV	把数据1与数据2相除，结果存入数据1	DIV＜数据1＞，＜数据2＞； 数据1可以是位置变量的一个元素 Pxxx(0)：全轴数据 Pxxx(1)：X轴数据， Pxxx(2)：Y轴数据 Pxxx(3)：Z轴数据， Pxxx(4)：T_x轴数据 Pxxx(5)：T_y轴数据， Pxxx(6)：T_z轴数据	DIV I012，I013； DIV P001(3)，2；(用Z轴数据与2相除)
SIN	取数据2的SIN，存入数据1	SIN＜数据1＞，＜数据2＞；	SIN R000，R001；(设定R000 = SIN R001)
COS	取数据2的COS，存入数据1	COS＜数据1＞，＜数据2＞；	COS R000，R001；(设定R000 = COS R001)
ATAN	取数据2的ATAN，存入数据1	ATAN＜数据1＞，＜数据2＞；	ATAN R000，R001；(设定R000 = ATAN R001)
SQRT	取数据2的SQRT，存入数据1	SQRT＜数据1＞，＜数据2＞；	SQRT R000，R001；(设定R000 = SQRT R001)

4.3.5 逻辑运算指令

逻辑运算指令（Logic operation Instructions）：见表4-5，逻辑运算指令指完成程序中相关变量的布尔运算的相关指令。

表4-5 逻辑运算指令

名称	功 能	格 式	实 例
AND	取得数据1和数据2的逻辑与，存入数据1	AND＜数据1＞，＜数据2＞；	AND B012，B020；
OR	取得数据1和数据2的逻辑或，存入数据1	OR＜数据1＞，＜数据2＞；	OR B012，B020；
NOT	取得数据1和数据2的逻辑非，存入数据1	NOT＜数据1＞，＜数据2＞；	NOT B012，B020；
XOR	取得数据1和数据2的逻辑异或，存入数据1	XOR＜数据1＞，＜数据2＞；	XOR B012，B020；

4.3.6 文件管理指令

文件管理指令（File Manager Instructions）：见表4-6，文件管理指令指实现编程指令相关文件管理的指令。

表 4-6 文件管理指令

名称	功 能	格 式	实 例
NEWDIR	创建目录	NEWDIR 目录路径；	NEWDIR /usr/robot；
RNDIR	重命名目录	RNDIR 旧目录名，新目录名；	RNDIR robot，tool；
CUTDIR	剪切指定目录和目录下所有内容到目标目录	CUTDIR 原目录，目标目录；	CUTDIR /usr/robot，/project；
DELDIR	删除目录及目录下的所有内容	DELDIR 目录；	DELDIR TEST；
DIR	显示指定目录下面所有子目录和文件	DIR 目录；	DIR /usr/robot；
NEWFILE	创建指定类型的文件	NEWFILE 文件名，文件类型；	NEWFILE robot，TXT；
RNFILE	重命名文件	RNFILE 旧文件名，新文件名；	RNFILE test，robot；
COPYFILE	复制文件到目标目录	COPYFILE 文件名，目标目录；	COPYFILE test，/robot；
CUTFILE	移动文件到目标目录	CUTFILE 文件名，目标目录；	CUTFILE test，/robot；
DELFILE	删除指定文件	DELFILE 文件名；	DELFILE test；
FILEINFO	显示的文件信息（信息包括：文件类型；大小；创建时间；修改时间；创建者）	FILEINFO 文件名；	FILEINFO test；
SAVEFILE	保存文件为指定的文件名	SAVEFILE 文件名；	SAVEFILE TEST2；

4.3.7 声明数据变量指令

声明数据变量指令（Declaration Data Instructions）：见表 4-7，声明数据变量指令指工业机器人编程指令中的数据声明指令。

表 4-7 声明数据变量指令

名称	功 能	格 式	实 例
INT	声明整型数据	INT 变量；或 INT 变量 = 常数；	INT a； INT a = ^B101；（十进制为 5） INT a = ^HC1；（十进制为 193） INT a = ^B1000；（十进制为 -8） INT a = ^H1000；（十进制为 -4096）
REAL	声明实型数据	REAL 变量；或 REAL 变量 = 常数；	REAL a = 10.05；
BOOL	声明布尔型数据	BOOL a；或 BOOL 变量 = TRUE/FALSE；	BOOL a； BOOL a = TRUE；
CHAR	声明字符型数据	CHAR a；或 CHAR 变量 ='字符'；	CHAR a； CHAR a ='r'；
STRING	声明字符串数据	STRING a；或 STRING 变量 ="字符串"；	STRING a； STRING a = “ROBOT”；

（续）

名称	功　能	格　式	实　例
JTPOSE	确定关节角表示的机器人位姿	JTPOSE 位姿变量名 = 关节 1,关节 2,…,关节 n;	JTPOSE POSE1 = 0.00, 33.00, -15.00,0, -40,30;
TRPOSE	变换值表示的机器人位姿	TRPOSE 位姿变量名 = *X* 轴位移, *Y* 轴位移, *Z* 轴位移, *X* 轴旋转, *Y* 轴旋转, *Z* 轴旋转;	TRPOSE POSE1 = 210.00,321.05, -150.58,0,1.23,2.25;
TOOLDATA	定义工具数据	TOOLDATA 工具名 = X, Y, Z, Rx, Ry, Rz, < W >, < Xg, Yg, Zg >, < Ix, Iy, Iz >;	TOOLDATA T001 = 210.00,321.05, -150.58,0,1.23,2.25,1.5,2,110, 0.035,0.12,0;
COORDATA	定义坐标系数据	COORDATA 坐标系名,类型, ORG,XX,YY;	COORDATA T001, T, BP001, BP002, BP003;
IZONEDATA	定义干涉区数据	IZONEDATA 干涉区名,空间起始点,空间终止点;	IZONEDATA IZONE1,P001, P002;

ARRAY	声明数组型数据	ARRAY 类型名 变量名 = 变量值;	ARRAY TRPOSE poseVar;
			poseVar[1] = pose1;
			//定义一个变换值类型的一维数组,数组的第一个值赋值为 pose1

4.3.8　数据编辑指令

数据编辑指令（Data Editing Instructions）：见表4-8，数据编辑指令指工业机器人编程指令中的后台位姿坐标数据进行相关编辑管理的指令。

表 4-8　数据编辑指令

名称	功　能	格　式	实　例
LISTTRPOSE	获取指定函数中保存的变换值位姿数据。如果位姿变量未指定,则返回该函数下所有变换值位姿变量	LISTTRPOSE 位姿变量名;	LISTTRPOSE POSE1;
EDITTRPOSE	编辑或修改一个变换值位姿变量到指定的函数中。如果位姿变量已经存在,则相当于修改并保存,如果位姿变量不存在,则相当于新建并保存	EDITTRPOSE 位姿变量名 = *X* 轴位移, *Y* 轴位移, *Z* 轴位移, *X* 轴旋转, *Y* 轴旋转, *Z* 轴旋转;	EDITTRPOSE POSE1 = 210.00, 321.05, -150.58,0,1.23,2.25;
DELTRPOSE	删除指定函数中的位姿变量	DELTRPOSE 位姿变量名;	DELTRPOSE POSE1;
LISTJTPOSE	获取指定函数中保存的关节位姿数据。如果位姿变量未指定,则返回该函数下所有关节位姿变量	LISTJTPOSE 位姿变量;	LISTJTPOSE POSE1;
EDITJTPOSE	编辑或修改一个关节位姿变量到指定的函数中,如果位姿变量已经存在,则相当于修改并保存,如果位姿变量不存在,则相当于新建并保存	EDITJTPOSE 位姿变量名 = *X* 轴位移, *Y* 轴位移, *Z* 轴位移, *X* 轴旋转, *Y* 轴旋转, *Z* 轴旋转;	EDITJTPOSE POSE1 = 0.00, 33.00, -15.00,0, -40,30;

（续）

名称	功　能	格　式	实　例
DELTRPOSE	删除指定函数中的位姿变量	DELTRPOSE 位姿变量名；	DELTRPOSE POSE1；
LISTCOOR	返回指定坐标系的数据，如果坐标系名为空，则返回所有的坐标数据	LISTCOOR 坐标系名；	LISTCOOR T001；
EDITCOOR	编辑或修改一个坐标系参数。每个坐标系的数据包括：坐标系名，类型，ORG，XX，XY 坐标系名，要定义的坐标系名称类型：坐标系的类型，T：工具坐标系；O：工件坐标系；ORG：定义的坐标系的坐标原点；XX：定义的坐标系的 X 轴上的点；XY：定义的坐标的 XY 面上的点	EDITCOOR 坐标系名，类型，ORG，XX，XY；	EDITCOOR T001，T，BP001，BP002，BP003；
DELCOOR	删除指定的坐标系	DELCOOR 坐标系名；	DELCOOR T001；
LISTTOOL	返回已经定义的工具参数：工具名，指定要返回的工具参数。如果工具名省略，则返回所有已经定义的工具	LISTTOOL 工具名；	LISTTOOL T001；
EDITTOOL	编辑或修改工具数据	EDITTOOL 工具名 = X，Y，Z，Rx，Ry，Rz，< W >，< Xg，Yg，Zg >，< Ix，Iy，Iz >；	EDITTOOL　T001　=　210.00，321.05，－150.58，0，1.23，2.25，1.5，2，110，0.035，0.12，0；
DELTOOL	删除工具	DELTOOL 工具名；	DELTOOL T001；
LISTIZONE	返回已经定义的干涉区参数：干涉区名，指定要返回的干涉区数据。如果干涉区名省略，则返回所有已经定义的干涉区	LISTIZONE 干涉区名；	LISTIZONE IZONE1；
EDITIZONE	编辑或修改干涉区数据	EDITIZONE 干涉区名，空间起始点，空间终止点；	EDITIZONE IZONE1，P001，P002；
DELIZONE	删除指定的干涉区	DELIZONE 干涉区名；	DELIZONE IZONE1；

4.3.9　操作符

操作符（Operation Sign）：见表 4-9，操作符指工业机器人编程指令中简化使用的一些数学运算、逻辑运算的操作符号。

表 4-9　操作符

类型	名称	功　能
关系操作符	= =	等值比较符号，相等时为 TRUE，否则为 FALSE
	>	大于比较符号，大于时为 TRUE，否则为 FALSE
	<	小于比较符号，小于时为 TRUE，否则为 FALSE

（续）

类型	名称		功能
关系操作符	>=		大于或等于比较符号，大于或等于时为 TRUE，否则为 FALSE
	< =		小于或等于比较符号，小于或等于时为 TRUE，否则为 FALSE
	< >		不等于符号，不等于时为 TRUE，否则为 FALSE
运算操作符	+	PLUS	两数相加
	-	MINUS	两数相减
	*	MUL	两数相乘（Multiplication）
	/	DIV	两数相除（Division）
特殊符号	#	COMMT	注释（Comment）用于注释程序
	;	SEMI	分号，用于程序语句的结尾
	:	COLON	冒号（GOTO）
	,	COMMA	逗号，用于分隔数据
	=	ASSIGN	赋值符号

4.3.10 文件结构

文件结构（Structure of DATA File）：文件是用来保存工业机器人操作任务及运动中示教点的有关数据文件。工业机器人文件必须分为任务文件和数据文件。任务文件是机器人完成具体操作的编程指令程序，任务文件为前台运行文件。数据文件是机器人编程示教过程中形成的相关数据，以规定的格式保存，运行形式是后台运行。

（1）任务文件

任务文件用于实现一种特定的功能，例如电焊喷涂等，一个应用程序包含而且只能包含一个任务。任务必须包含有入口函数（MAIN）和出口函数（END）。任务文件中必须包含有入口函数（MAIN）。一个任务文件代表一个任务，任务的复杂程度由用户根据需要决定。

示例：

```
MAIN;
L01:
MOVJ P001, V010, Z0;
MOVJ P002, V010, Z0;
MOVJ P003, V010, Z0;
MOVL P004, V010, Z0;
MOVJ P005, V010, Z0;
MOVL P002, V010, Z0;
GOTO L01;
END;
```

任务文件（*.prl）和相应的数据文件（*.dat）必须同名。

（2）数据文件

数据文件用于存放各种类型的变量，划分为基础变量类型和复杂变量类型。其中复杂变量类型包括：TRPOSE 变换值表示的位姿；JTPOSE 关节角表示的位姿；LOADDATA 表示的负载；TOOLDATA 表示的工具；COORDATA 表示的坐标系类型。

每一个复杂变量都对应一个全局变量文件。

其他的数据类型都归类为基础变量类型，包括点变量和其他信息。

(3) 点的格式

P <点号> = <data1>，<data2>，<data3>，<data4>，<data5>，<data6>；

数据与数据之间用逗号隔开，末尾有分号结尾。

(4) 程序的其他信息

程序的其他信息，如创建时间、工具号、程序注释信息等，在程序内均以 * 开头注明。

示例：

```
*NAME 2A3
*COMMENT
*TOOL 2
*TIME 2015-1-11
*NAME A3
*COMMENT
*TOOL 2
*TIME 2015-01-11
P00001 = 16.126531,19.180542,12.458099,20.031335,49.417869,1.803786;
P00002 = 16.126531,19.180542,12.458099,20.031335,49.417869,8.621886;
P00003 = 16.049234,19.394369,12.187001,20.595254,50.653930,4.482399;
P00004 = 62.049234,21.253555,13.974972,21.742446,47.252561,2.736275;
P00005 = 15.928113,21.920491,23.075772,21.942206,51.061904,3.707517;
P00006 = 15.928113,21.920491,13.075772,21.942206,51.061904,3.707517;
```

第 5 章　示教与再现

示教再现控制是指控制系统可以通过示教编程器或手把手进行示教，将动作顺序、运动速度、位置等信息用一定的方法预先教给工业机器人，再由工业机器人的记忆装置将所教的操作过程自动记录在磁盘、磁带等存储器中，当需要再现操作时，重放存储器中存储的内容即可。如需更改操作内容，只需重新示教一遍或更换预先录好程序的磁盘或其他存储器即可，因而重编程序极为简便和直观。

示教的方法有很多种，有主从式、编程式、示教盒式等多种。

主从式由结构相同的大、小两个机器人组成，当操作者对主动小机器人手把手进行操作控制的时候，由于两机器人所对应关节之间装有传感器，所以从动大机器人可以以相同的运动姿态完成所示教操作。

编程式运用上位机进行控制，将示教点以程序的格式输入到计算机中，当再现时，按照程序语句一条一条地执行。这种方法除了计算机外，不需要任何其他设备，简单可靠，适用小批量、单件机器人的控制。

示教盒和上位机控制的方法大体一致，只是由示教盒中的单片机代替了计算机，从而使示教过程简单化。这种方法由于成本较高，所以适用在较大批量的成型的产品中。

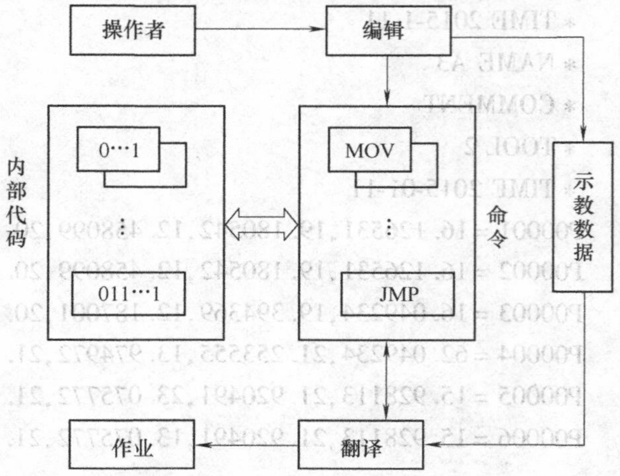

图 5-1　示教再现机器人控制方式

示教再现机器人控制方式如图 5-1 所示。

5.1　示教再现原理

机器人的示教再现过程分为四个步骤进行。

步骤一：示教。操作者把规定的目标动作（包括每个运动部件，每个运动轴的动作）一步一步地教给机器人。示教的简繁，标志着机器人自动化水平的高低。

步骤二：记忆。机器人将操作者所示教的各个点的动作顺序信息、动作速度信息、位姿信息等记录在存储器中。存储信息的形式、存储存量的大小决定机器人能够进行的操作的复杂程度。

步骤三：再现。根据需要，将存储器所存储的信息读出，向执行机构发出具体的指令。机器人根据给定顺序或者工作情况，自动选择相应程序再现，这一功能标志着机器人对工作环境的适应性。

步骤四：操作。指机器人以再现信号作为输入指令，使执行机构重复示教过程规定的各种动作。

在示教再现这一动作循环中，示教和记忆同时进行，再现和操作同时进行。这种方式是机器人控制中比较方便和常用的方法之一。

5.2 示教再现操作方法

示教再现过程分为示教前准备、示教、再现前准备、再现四个阶段。

1. 示教前准备

（1）接通主电源　把控制柜的主电源开关扳转到接通的位置，接通主电源并进入系统。

（2）选择示教模式　示教模式分为手动模式和自动模式，示教阶段选择手动模式。

（3）接通伺服电源

2. 示教

（1）创建示教文件　在示教器上创建一个未曾示教过的文件名称，用于储存后面的示教文件。

（2）示教点的设置　示教作业是一种工作程序，它表示机械手将要执行的任务。如图 5-2 所示，以工业机器人从 A 处搬运工件至 B 处为例，说明工业机器人示教点的设置步骤。该示教过程由 10 个步骤组成。

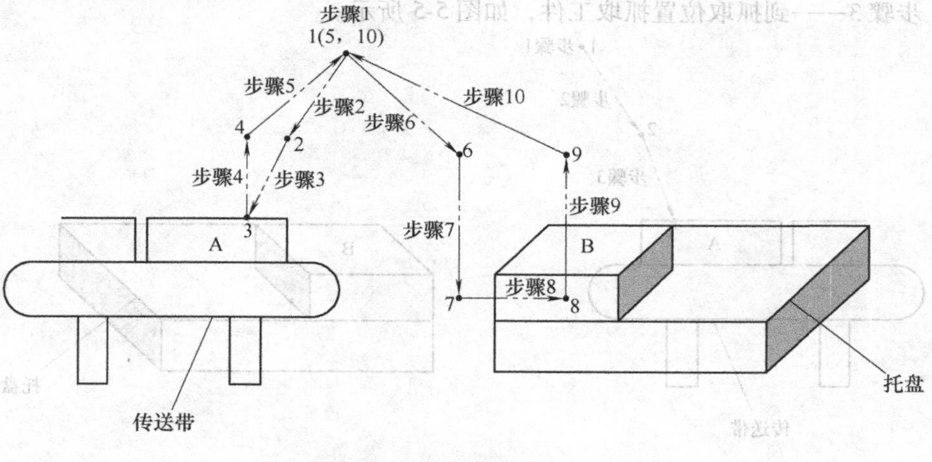

图 5-2　示教作业过程示意图

1）步骤 1——开始位置，如图 5-3 所示。开始位置 1 要求设置在安全并且适合作业准备

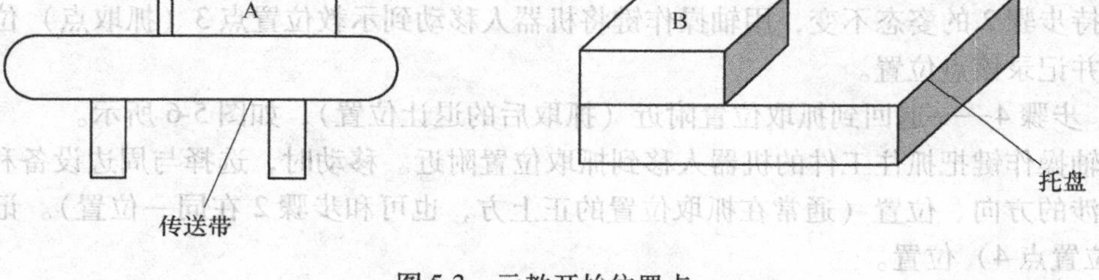

图 5-3　示教开始位置点

的位置。一般情况下，可以将机器人操作开始位置选择在机器人的零点位置。手动操作机器人回到零点位置后，记录该点位置。

2）步骤2——移动到抓取位置附近抓取前，如图5-4所示。选取机器人接近工件时但不与工件发生干涉的方向、位置作为机器人可以抓取工件的姿态（通常在抓取位置的正上方）。用轴操作键设置机器人移动到该位置，并记录该点（示教位置点2）位置。

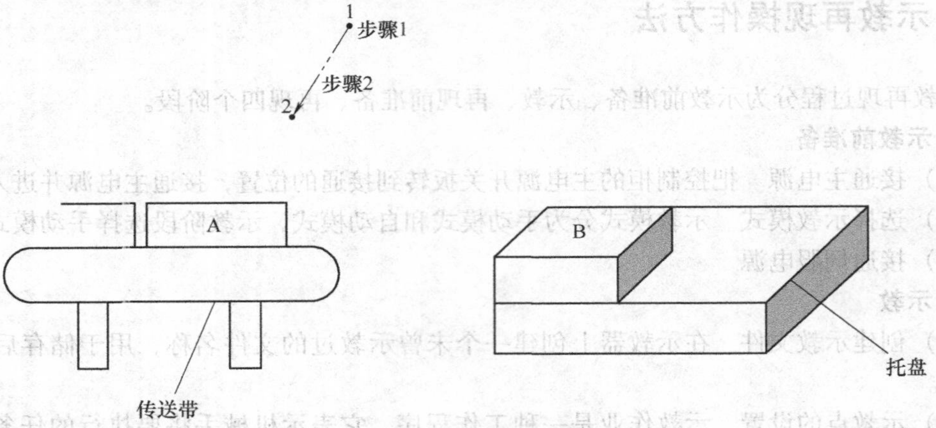

图5-4　示教位置点2

3）步骤3——到抓取位置抓取工件，如图5-5所示。

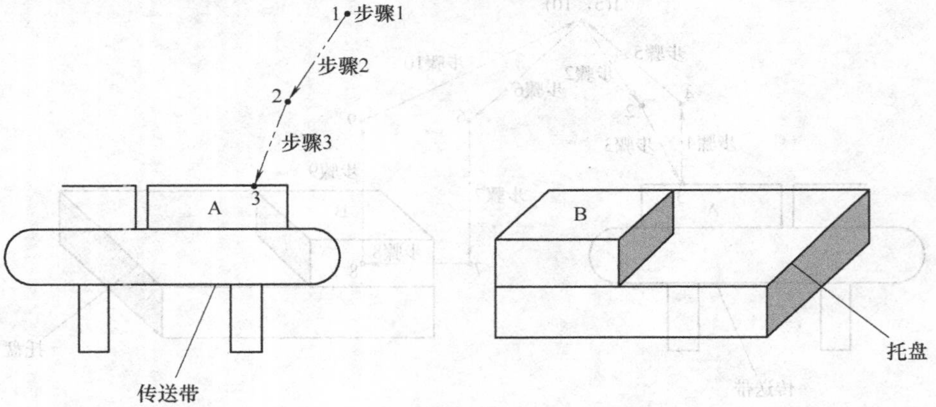

图5-5　示教位置点3

设置操作模式为直角坐标系，设置运行速度为较低速度。

保持步骤2的姿态不变，用轴操作键将机器人移动到示教位置点3（抓取点）位置；抓取工件并记录该点位置。

4）步骤4——退回到抓取位置附近（抓取后的退让位置），如图5-6所示。

用轴操作键把抓住工件的机器人移到抓取位置附近。移动时，选择与周边设备和工具不发生干涉的方向、位置（通常在抓取位置的正上方，也可和步骤2在同一位置）。记录该点（示教位置点4）位置。

5）步骤5——回到开始位置，如图5-7所示。

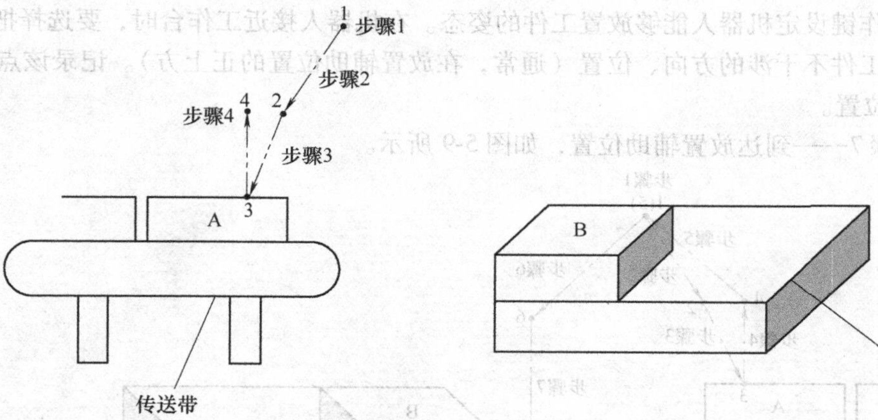

图 5-6 示教位置点 4

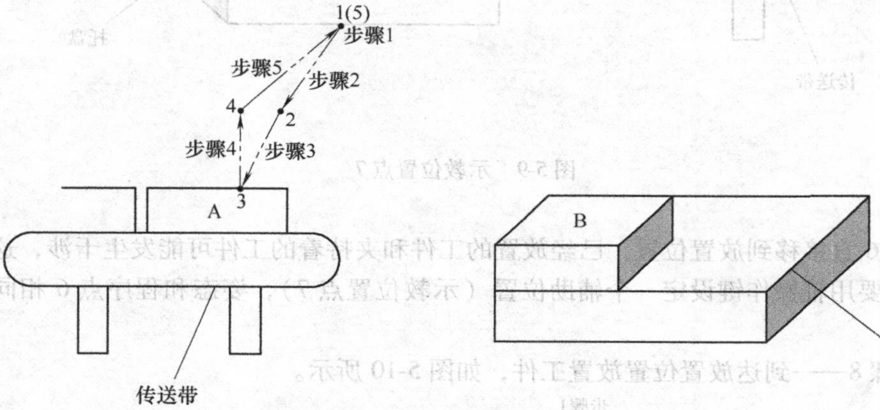

图 5-7 示教位置点 5

6）步骤 6——移动到放置位置附近（放置前），如图 5-8 所示。

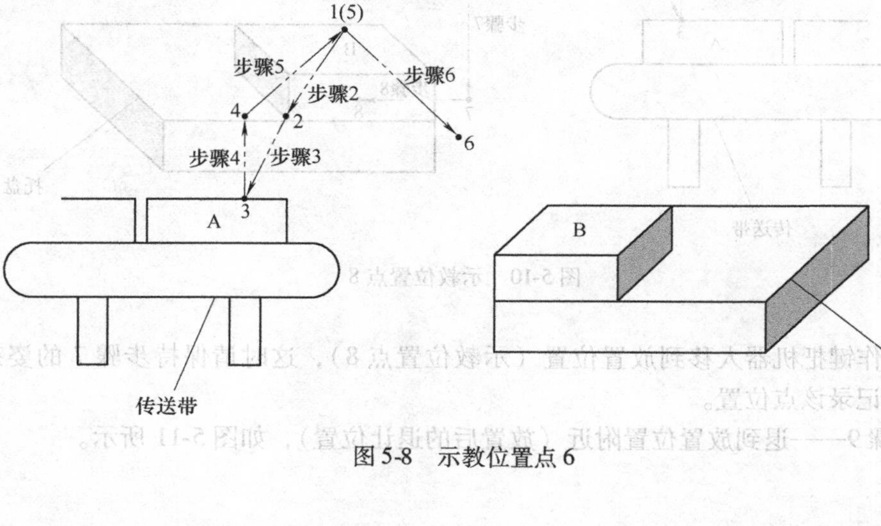

图 5-8 示教位置点 6

用轴操作键设定机器人能够放置工件的姿态。在机器人接近工作台时，要选择把持的工件和堆积的工件不干涉的方向、位置（通常，在放置辅助位置的正上方）。记录该点（示教位置点 6）位置。

7）步骤 7——到达放置辅助位置，如图 5-9 所示。

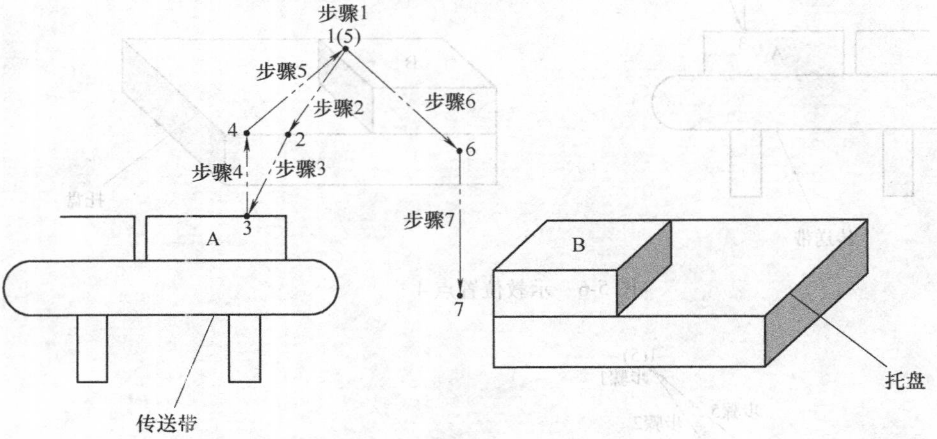

图 5-9　示教位置点 7

从步骤 6 直接移到放置位置，已经放置的工件和夹持着的工件可能发生干涉，这时为了避开干涉，要用轴操作键设定一个辅助位置（示教位置点 7），姿态和程序点 6 相同。记录该点位置。

8）步骤 8——到达放置位置放置工件，如图 5-10 所示。

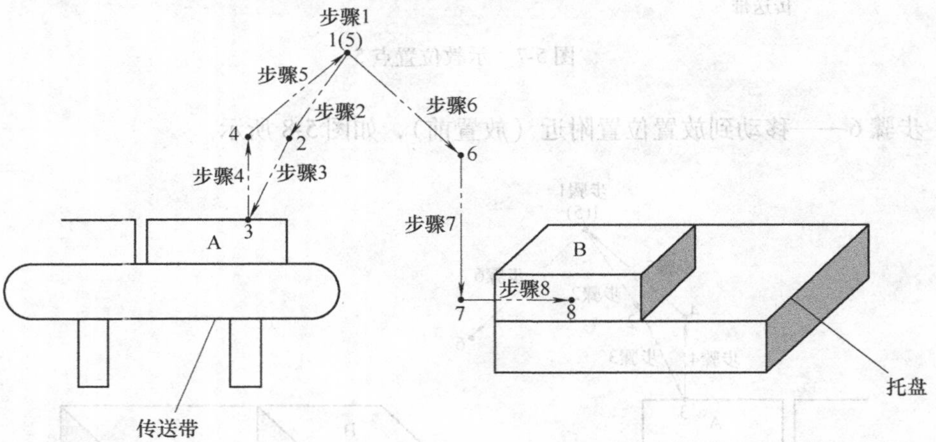

图 5-10　示教位置点 8

用轴操作键把机器人移到放置位置（示教位置点 8），这时请保持步骤 7 的姿态不变。释放工件并记录该点位置。

9）步骤 9——退到放置位置附近（放置后的退让位置），如图 5-11 所示。

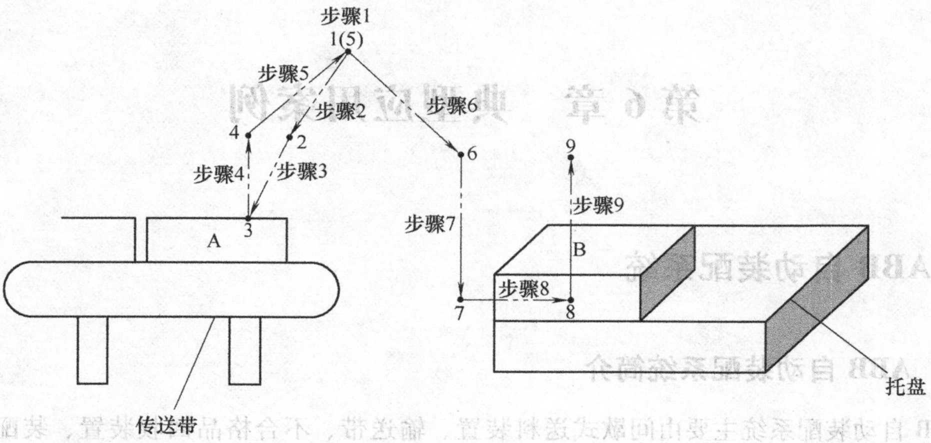

图 5-11　示教位置点 9

用轴操作键把机器人移到放置位置附近（示教位置点 9）。移动时，选择工件和工具不干涉的方向、位置（通常是在放置位置的正上方）并记录该点位置。

10）步骤 10——回到开始位置。

步骤 10　设置最后的位置点，并使得最后的位置点与最初的位置点重合。记录该点位置。

（3）保存示教文件

3. 再现前准备

（1）选择示教文件　选择已经示教好的文件，并将光标移到程序开头。

（2）回初始位置　手动操作机器人移到步骤 1 位置。

（3）示教路径确认　在手动模式下，使工业机器人沿着示教路径执行一个循环，确保示教运行路径正确。

（4）选择再现模式　示教模式选择为自动模式。

（5）接通伺服电源

4. 再现

设置好再现循环次数，确保没有人在机器人的工作区域里。启动机器人自动运行模式，使得机器人按示教过的路径循环运行程序。

第6章　典型应用案例

6.1　ABB 自动装配系统

6.1.1　ABB 自动装配系统简介

ABB 自动装配系统主要由间歇式送料装置、输送带、不合格品回收装置、装配区域等功能模块以及配套的电气控制系统、气动回路组成。

生产过程中，工件经间歇式送料装置依次放置在输送带上，输送带在变频电动机的驱动下快速将工件向前输送。工件传送到达检测区域后，输送带速度由高速切换为低速运行，此时，安装在输送带两边的传感器对送过来的工件的颜色、材质和姿态进行检测。当传感器辨别经过的工件姿态错误时，翻转机械手将工件翻转。工件到达输送带末端，吸盘式机械手将其按颜色、材质分类存放。当金属工件放置区的传感器检测到工件时，信号传递给 ABB 工业机器人，在装配区域进行轴和轴承装配操作。

6.1.2　ABB 自动装配系统示教再现过程

ABB 自动装配系统示教再现过程分为两部分：物料自动分拣输送区域（见图 6-1a）和 ABB 机器人装配区域（见图 6-1b）。物料自动分拣输送区域采用三菱 FX 系列 PLC 控制器、三菱 FR-D700 系列变频器控制。其中，变频器的设置见表 6-1，PLC 控制器的 I/O 分配表见表 6-2 和表 6-3，PLC 控制系统流程如图 6-2 所示。

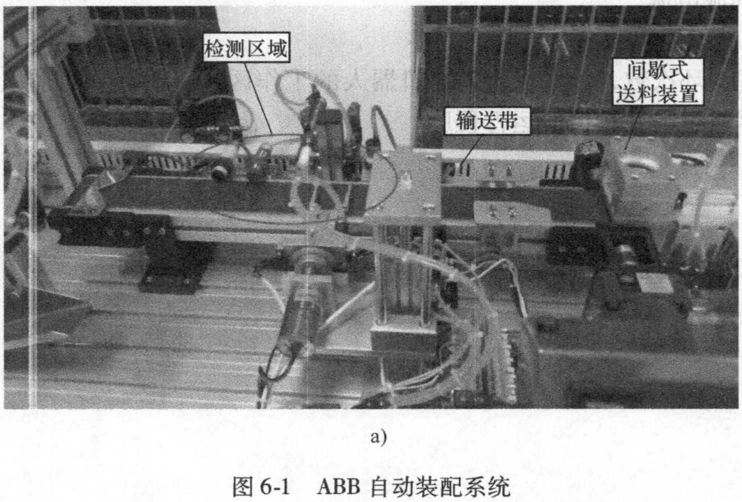

a)

图 6-1　ABB 自动装配系统

a）物料自动分拣输送区域

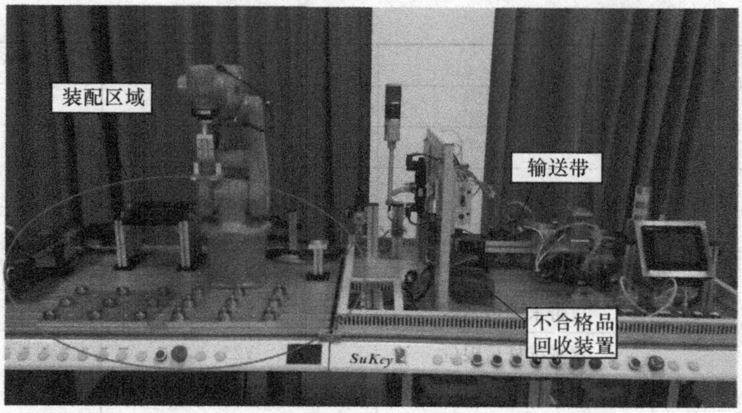

b)

图 6-1 ABB 自动装配系统（续）

b）ABB 机器人装配区域

表 6-1 变频器参数设置

参数序号与设定值	说　明	参数序号与设定值	说　明
Pr. 79 = 2	操作模式	Pr. 6 = 15Hz	低速频率
Pr. 1 = 50Hz	上限频率	Pr. 7 = 2s	加速时间
Pr. 2 = 0Hz	下限频率	Pr. 8 = 2s	减速时间
Pr. 4 = 35Hz	高速频率		

表 6-2 FX2n-48MR-001 I/O 分配表

PLC 输入端子（I）		PLC 输出端子（O）	
X0	编码器（A 相）	Y0	变频器正转 STF
X1	编码器（B 相）	Y1	变频器反转 STR
X2	编码器（Z 相）	Y2	变频器高速 RH
X3	启动按钮	Y3	变频器低速 RL
X4	停止按钮	Y4	红色指示灯
X5	复位按钮	Y5	绿色指示灯
X6	急停按钮	Y6	报警蜂鸣器
X7	模式选择 1	Y7	—
X10	模式选择 2	Y10	翻转机械手升降
X11	模式选择 3	Y11	手指夹紧
X12	变频器故障信号	Y12	手指松开
X13	翻转机械手上限位	Y13	翻转机械手正转
X14	翻转机械手下限位	Y14	翻转机械手反转
X15	翻转机械手左限位	Y15	水平推杆气缸伸缩
X16	翻转机械手右限位	Y16	送料气缸伸缩

（续）

PLC 输入端子（I）		PLC 输出端子（O）	
X17	—	Y17	—
X20	—	Y20	—
X21	工件姿势辨别	Y21	—
X22	工件材质辨别	Y22	—
X23	工件颜色辨别	Y23	—
X24	皮带末端传感器	Y24	—
X25	水平推杆后限位	Y25	—
X26	送料气缸后限位	Y26	—
X27	送料装置检测	Y27	—

表 6-3　FX2n-16MR-001 I/O 分配表

PLC 输入端子（I）		PLC 输出端子（O）	
X0	—	Y0	龙门机械手左移
X1	龙门机械手 1#工位	Y1	龙门机械手右移
X2	龙门机械手 2#工位	Y2	龙门机械手上移
X3	龙门机械手 3#工位	Y3	龙门机械手下移
X4	龙门机械手 4#工位	Y4	真空吸盘吸
X5	龙门机械手上限位	Y5	真空吸盘放
X6	龙门机械手下限位	Y6	—
X7	—	Y7	—

当金属工件放置区的传感器检测到工件时，信号传递给 ABB 工业机器人，ABB 工业机器人开始在装配区域进行轴和轴承装配操作。

1. 示教前准备

1）开启总电源。

2）将控制柜上机器人状态钥匙切换到手动减速模式。

3）在状态栏中，确认机器人的状态已切换为“手动”模式。

4）建立程序模块与例行程序。

①在主菜单下，选择“程序编辑器”命令，打开程序编辑器。

②在系统提示窗口单击“取消”按钮，进入模块列表画面。

③打开“文件”菜单。

④选择“新建模块”命令，设定好模块名称单击“确定”按钮创建。

⑤选中所创建模块，单击“显示模块”按钮。

⑥单击“例行程序”按钮进行例行程序的创建。

⑦打开“文件”菜单，选择“新建例行程序”命令，首先建立一个主程序，将名称设定为“main”，单击“确定”按钮完成新建。

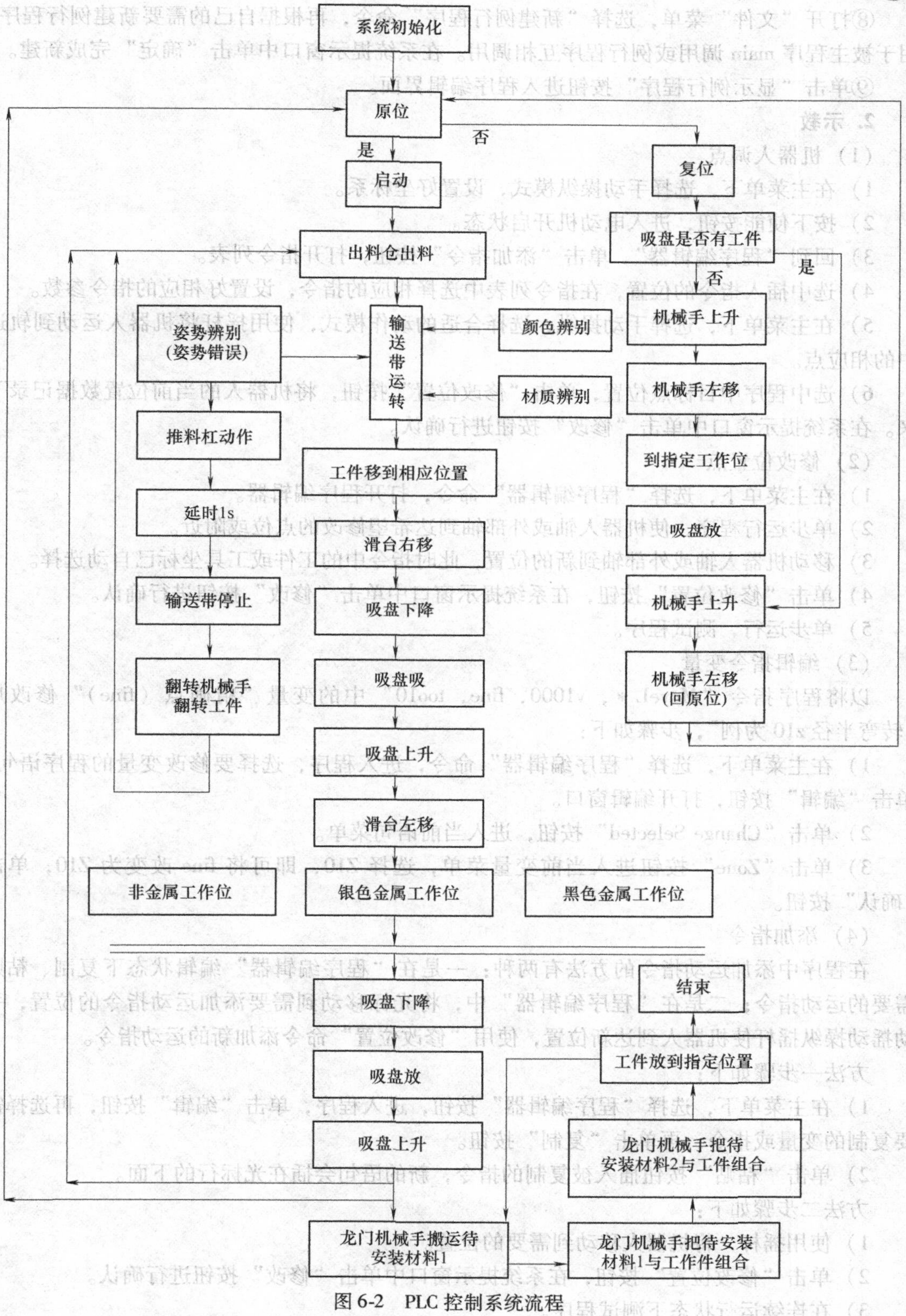

图 6-2　PLC 控制系统流程

⑧打开“文件”菜单，选择“新建例行程序”命令，再根据自己的需要新建例行程序，用于被主程序 main 调用或例行程序互相调用。在系统提示窗口中单击“确定”完成新建。

⑨单击“显示例行程序”按钮进入程序编辑界面。

2. 示教

（1）机器人调点

1）在主菜单下，选择手动操纵模式，设置好坐标系。

2）按下使能按钮，进入电动机开启状态。

3）回到“程序编辑器”，单击“添加指令”按钮，打开指令列表。

4）选中插入指令的位置，在指令列表中选择相应的指令，设置好相应的指令参数。

5）在主菜单下，选择手动操纵，选择合适的动作模式，使用摇杆将机器人运动到轨迹中的相应点。

6）选中程序中目标点位置，单击“修改位置”按钮，将机器人的当前位置数据记录下来。在系统提示窗口中单击“修改”按钮进行确认。

（2）修改位置点

1）在主菜单下，选择“程序编辑器”命令，打开程序编辑器。

2）单步运行程序，使机器人轴或外部轴到达希望修改的点位或附近。

3）移动机器人轴或外部轴到新的位置，此时指令中的工件或工具坐标已自动选择。

4）单击“修改位置”按钮，在系统提示窗口中单击“修改”按钮进行确认。

5）单步运行，测试程序。

（3）编辑指令变量

以将程序指令“MoveL *，v1000，fine，too10”中的变量“精确点（fine）”修改成“转弯半径 z10 为例”，步骤如下：

1）在主菜单下，选择“程序编辑器”命令，进入程序，选择要修改变量的程序语句。单击“编辑”按钮，打开编辑窗口。

2）单击“Change Selected”按钮，进入当前语句菜单。

3）单击“Zone”按钮进入当前变量菜单，选择 Z10，即可将 fine 改变为 Z10，单击“确认”按钮。

（4）添加指令

在程序中添加运动指令的方法有两种：一是在“程序编辑器”编辑状态下复制、粘贴需要的运动指令；二是在“程序编辑器”中，将光标移动到需要添加运动指令的位置，手动摇动操纵摇杆使机器人到达新位置，使用“修改位置”命令添加新的运动指令。

方法一步骤如下：

1）在主菜单下，选择“程序编辑器”按钮，进入程序，单击“编辑”按钮，再选择需要复制的变量或指令，再单击“复制”按钮。

2）单击“粘贴”按钮插入被复制的指令，新的语句会插在光标行的下面。

方法二步骤如下：

1）使用摇杆，将机器人移动到需要的位置。

2）单击“修改位置”按钮，在系统提示窗口中单击“修改”按钮进行确认。

3）在连续运行状态下测试程序。

(5) 添加延迟等待指令

例如，机器人在某位置等待 3s 后，再执行下一个动作。

步骤如下：

1）在主菜单下，选择“程序编辑器”命令，进入程序。

2）将光标移到需要添加延迟等待指令的位置，单击“添加指令”按钮，选择“常用”显示滚动的指令类别列表。

3）在指令列表中按“Next”按钮，选中“WaitTime”文本框。

4）按［Show 123］键，显示软件盘，然后通过数字键输入延迟等待的时间。

5）单击“确认”按钮，然后关闭菜单，添加延迟等待指令完成。

6）在连续运行状态下测试程序。

3. 再现前的准备

在完成程序的编辑后，需调试程序以确定机器人运行轨迹。调试时，先用手动低速，单步执行，再连续执行。步骤如下：

1）将机器人切换至手动模式。

2）打开“调试”菜单，逐个选择主程序和例行程序进行调试。

3）按住示教器上的使能键。

4）按单步向前或单步向后，单步执行程序。

4. 再现

1）插入钥匙，将运转模式切换到自动模式，示教器上显示状态切换对话框，单击“确认”按钮关闭对话框，示教器上显示自动生产窗口。

2）单击“PP 移至 Main”按钮，在弹出的系统提示窗口中单击“是”按钮，将 PP 指向主程序的第一句指令。

3）按电动机上电/失电按钮激活电动机。

4）按［连续运行］键开始执行程序。

5）按［停止］键停止程序。

6）插入钥匙，运转模式返回手动状态。

5. 程序

```
MODULE Module1
TASK PERS tooldata tool1:=[TRUE,[[-49.6621,-0.0218505,251.959],[1,0,0,0]],
[1,[0,0,20],[1,0,0,0],0,0,0]];
PERS pose pose1:=[[0,0,-5],[1,0,0,0]];
CONST robtarget p20:=[[-49.21,530.17,-10.43],[0.0240095,0.758448,
-0.650798,0.0253402],[1,-1,-1,0],[9E+09,9E+09,9E+09,9E+09,9E+09,9E+
09]];
CONST robtarget p30:=[[7.43,575.94,-77.22],[0.0049244,0.699153,-0.714882,
0.0102133],[0,-1,0,0],[9E+09,9E+09,9E+09,9E+09,9E+09,9E+09]];
CONST robtarget p40:=[[1.02,475.85,101.68],[0.0260365,0.721351,-0.691617,
0.0253214],[0,-1,-1,0],[9E+09,9E+09,9E+09,9E+09,9E+09,9E+09]];
CONST robtarget p50:=[[336.15,-365.63,-79.89],[0.00402056,0.701369,
```

-0.712777, -0.00368831], [-1, -1, -2,0], [9E +09,9E +09,9E +09,9E +09,9E +09, 9E +09]];

CONST robtarget p60: = [[-21.34,269.41,32.98], [0.0116497,0.713889, -0.700105, 0.00897576], [1,0,0,0], [9E +09,9E +09,9E +09,9E +09,9E +09,9E +09]];

CONST robtarget p70: = [[-24.39,260.55,46.03], [0.0260371,0.721348, -0.691619, 0.0253246], [1,0,0,0], [9E +09,9E +09,9E +09,9E +09,9E +09,9E +09]];

CONST robtarget p80: = [[-24.39,260.54,46.03], [0.0260434,0.721354, -0.691613, 0.0253303], [1,0,0,0], [9E +09,9E +09,9E +09,9E +09,9E +09,9E +09]];

CONST robtarget p90: = [[344.35,216.20, -66.23], [0.004107,0.701346, -0.7128, -0.00372544], [0,0, -1,0], [9E +09,9E +09,9E +09,9E +09,9E +09,9E +09]];

CONST robtarget p100: = [[338.41, 213.57, - 50.43], [0.00535147, 0.723794, -0.689964, -0.00651982], [0,0, -1,0], [9E +09,9E +09,9E +09,9E +09,9E +09,9E + 09]];

CONST robtarget p110: = [[341.63, 215.77, - 81.06], [0.00562127, 0.708062, -0.706099, -0.0063965], [0,0, -1,0], [9E +09,9E +09,9E +09,9E +09,9E +09,9E + 09]];

CONST robtarget p120: = [[-23.91,322.69,47.27], [0.00580935,0.714333, -0.699754, -0.00616545], [1,0,0,0], [9E +09,9E +09,9E +09,9E +09,9E +09,9E +09]];

CONST robtarget p130: = [[-23.66,270.22,32.89], [0.0122099,0.711891, -0.702183, 0.000976416], [1,0,0,0], [9E +09,9E +09,9E +09,9E +09,9E +09,9E +09]];

CONST robtarget p140: = [[-226.86, -242.97,118.70], [0.0054592, -0.00526297, -0.999971,0.000204007], [-2, -1, -2,0], [9E +09,9E +09,9E +09,9E +09,9E +09, 9E +09]];

CONST robtarget p150: = [[165.08, 279.20, 289.03], [0.00542927, 0.00839274, -0.99995,0.000231809], [0,0,0,0], [9E +09,9E +09,9E +09,9E +09,9E +09,9E +09]];

PERS robtarget p160: = [[247.34, - 365.80, - 80.08], [0.00159694, 0.706763, -0.707423,0.00602826], [-1, -1, -2,0], [9E +09,9E +09,9E +09,9E +09,9E +09,9E +09]];

PERS robtarget p170: = [[254.83, 216.48, - 65.85], [6.04807E - 05, 0.70679, -0.707423, -1.72802E -05], [0,0, -1,0], [9E +09,9E +09,9E +09,9E +09,9E +09,9E +09]];

VAR robtarget p180: = [[254.35, 216.71, - 78.72], [8.39144E - 05, 0.706814, -0.707399, -1.07474E -05], [0, -1, -1,0], [9E +09,9E +09,9E +09,9E +09,9E +09, 9E +09]];

VAR robtarget p190: = [[- 239.15, - 289.15, 119.00], [0.00145805, 0.706791, -0.707421,0.000212989], [-2, -1, -3,0], [9E +09,9E +09,9E +09,9E +09,9E +09,9E +09]];

VAR robtarget p200: = [[157.59, - 363.00, - 80.25], [3.6457E - 05, - 0.698761, 0.715355,0.000168756], [-1, -1, -2,0], [9E +09,9E +09,9E +09,9E +09,9E +09,9E +

```
09]];
VAR robtarget p210: = [[164.42,216.45, -67.19],[0.00955855,0.698765, -0.715287, 0.000191705],[0,0, -1,0],[9E+09,9E+09,9E+09,9E+09,9E+09,9E+09]];
VAR robtarget p220: = [[164.42,216.45, -80.41],[0.00955886,0.698764, -0.715288, 0.000191958],[0,0, -1,0],[9E+09,9E+09,9E+09,9E+09,9E+09,9E+09]];
VAR robtarget p230: = [[-239.72, -348.69,119.43],[9.44511E-05,0.698795, -0.715322, -2.17267E-05],[-2, -1, -3,0],[9E+09,9E+09,9E+09,9E+09,9E+09,9E+09]];
VAR robtarget p240: = [[339.30, -245.91, -81.42],[3.66678E-05, -0.698811, 0.715306,0.000101511],[-1,0, -2,0],[9E+09,9E+09,9E+09,9E+09,9E+09,9E+09]];
VAR robtarget p250: = [[343.27,96.04, -68.40],[0.00227934,0.698834, -0.715278, -0.00178296],[0,0, -1,0],[9E+09,9E+09,9E+09,9E+09,9E+09,9E+09]];
VAR robtarget p260: = [[343.24,96.03, -81.35],[0.00230923,0.698852, -0.71526, -0.00179031],[0,0, -1,0],[9E+09,9E+09,9E+09,9E+09,9E+09,9E+09]];
VAR robtarget p270: = [[-173.06, -229.47,104.41],[7.15232E-05, -0.698835, 0.715282,7.10385E-05],[-2, -1, -3,0],[9E+09,9E+09,9E+09,9E+09,9E+09,9E+09]];
VAR robtarget p280: = [[249.64, -244.52, -81.54],[0.000597642, -0.69802, 0.716073, -0.00271322],[-1,0, -2,0],[9E+09,9E+09,9E+09,9E+09,9E+09,9E+09]];
VAR robtarget p290: = [[254.62,97.04, -66.86],[0.000578508, -0.698002,0.716091, -0.00267573],[0, -1, -1,0],[9E+09,9E+09,9E+09,9E+09,9E+09,9E+09]];
VAR robtarget p300: = [[251.98,97.20, -80.75],[0.000897349, -0.711374,0.702805, -0.00320354],[0, -1, -1,0],[9E+09,9E+09,9E+09,9E+09,9E+09,9E+09]];
VAR robtarget p310: = [[-188.83, -300.99,104.74],[4.27027E-05,0.999921, -0.0125475, -7.61594E-05],[-2, -1,0,0],[9E+09,9E+09,9E+09,9E+09,9E+09,9E+09]];
VAR robtarget p320: = [[159.53, -243.27, -80.50],[0.000705032, -0.696961, 0.717102, -0.00303801],[-1,0, -2,0],[9E+09,9E+09,9E+09,9E+09,9E+09,9E+09]];
VAR robtarget p330: = [[226.36,31.41, -64.69],[0.0032472,0.00562278,0.999971, -0.0039962],[0, -1,0,0],[9E+09,9E+09,9E+09,9E+09,9E+09,9E+09]];
VAR robtarget p340: = [[226.35,31.42, -79.36],[0.0032416,0.00559809,0.999971, -0.00399565],[0, -1,0,0],[9E+09,9E+09,9E+09,9E+09,9E+09,9E+09]];
VAR robtarget p350: = [[-175.18, -349.34,104.68],[7.11017E-05, -0.698858, 0.715261,7.42206E-05],[-2, -1, -3,0],[9E+09,9E+09,9E+09,9E+09,9E+09,9E+09]];
VAR robtarget p360: = [[341.07, -125.89, -81.38],[0.000425936, 0.697385,
```

```
-0.71668,0.00478959],[-1,-1,-2,0],[9E+09,9E+09,9E+09,9E+09,9E+09,9E+09]];
VAR robtarget p370: = [[343.32, -23.80, -68.93], [0.000626724, 0.697644, -0.716427,0.00493731],[-1,-1,-2,0],[9E+09,9E+09,9E+09,9E+09,9E+09,9E+09]];
VAR robtarget p380: = [[343.33, -23.80, -81.42], [0.000614164, 0.697624, -0.716447,0.0049418],[-1,-1,-2,0],[9E+09,9E+09,9E+09,9E+09,9E+09,9E+09]];
VAR robtarget p390: = [[-127.06, -241.48, 89.06], [0.00182431, 0.999994, -0.00140468,0.00264151],[-2,0,-4,0],[9E+09,9E+09,9E+09,9E+09,9E+09,9E+09]];
VAR robtarget p400: = [[246.44, -252.67, -80.57],[0.00485719,0.713871,0.70026, -0.000667859],[-1,-1,0,0],[9E+09,9E+09,9E+09,9E+09,9E+09,9E+09]];
VAR robtarget p410: = [[249.53, -151.15, -66.82],[0.0046626,0.713821,0.700313, -0.000692388],[-1,-1,0,0],[9E+09,9E+09,9E+09,9E+09,9E+09,9E+09]];
VAR robtarget p420: = [[249.51, -151.14, -79.20],[0.00464035,0.713816,0.700317, -0.000702419],[-1,-1,0,0],[9E+09,9E+09,9E+09,9E+09,9E+09,9E+09]];
VAR robtarget p430: = [[-127.86, -301.38, 88.87], [0.00151197, 0.999979, -0.00566792,0.00263452],[-2,0,0,0],[9E+09,9E+09,9E+09,9E+09,9E+09,9E+09]];
VAR robtarget p440: = [[160.72, -123.53, -81.28], [0.000653866, 0.697782, -0.716293,0.00487966],[-1,-1,-2,0],[9E+09,9E+09,9E+09,9E+09,9E+09,9E+09]];
VAR robtarget p450: = [[224.67, -87.77, -66.10],[0.00298252,0.00864762,0.99995, -0.00394178],[-1,-1,-1,0],[9E+09,9E+09,9E+09,9E+09,9E+09,9E+09]];
VAR robtarget p460: = [[224.69, -87.78, -79.01],[0.00300587,0.00865864,0.99995, -0.00394911],[-1,-1,-1,0],[9E+09,9E+09,9E+09,9E+09,9E+09,9E+09]];
VAR robtarget p470: = [[-128.94, -360.98, 87.97], [0.000653028, -0.999962, 0.00865647, -0.000817438],[-2,0,0,0],[9E+09,9E+09,9E+09,9E+09,9E+09,9E+09]];
PROC main()
Routine2;
MoveJ Offs(p50,0,0,100), v500, z50, tool1;
MoveL p50, v50, z0, tool1;
WaitTime 1;
Set do1;
WaitTime 1;
MoveL Offs(p50,0,0,100), v200, z50, tool1;
MoveL Offs(p90,0,0,100), v500, z50, tool1;
```

```
MoveL p90, v50, z0, tool1;
WaitTime 1;
Reset do1;
WaitTime 1;
MoveL p110, v50, z0, tool1;
WaitTime 1;
Set do1;
WaitTime 1;
MoveL Offs(p110,0,0,100), v200, z50, tool1;
MoveL Offs(p120,0,0,60), v400, z50, tool1;
MoveL p120, v200, z0, tool1;
WaitTime 1;
Reset do1;
WaitTime 1;
MoveL Offs(p120,0,0,60), v400, z50, tool1;
MoveL Offs(p130,0,0,100), v200, z50, tool1;
MoveL p130, v50, z0, tool1;
WaitTime 1;
Set do1;
WaitTime 1;
MoveL Offs(p130,0,0,100), v200, z50, tool1;
MoveAbsJ [[0,0,0,0,90,0],[9E+09,9E+09,9E+09,9E+09,9E+09,9E+09]]\
NoEOffs, v500, z50, tool1;
MoveJ Offs(p140,0,0,100), v500, z50, tool1;
MoveL p140, v200, z0, tool1;
WaitTime 1;
Reset do1;
MoveL Offs(p140,0,0,100), v200, z50, tool1;
Routine2;
routine3;
Routine2;
routine4;
Routine2;
routine5;
Routine2;
routine6;
Routine2;
routine7;
Routine2;
```

```
routine8;
Routine2;
routine9;
Routine2;
routine10;
MoveAbsJ [[0,0,0,0,90,0],[9E+09,9E+09,9E+09,9E+09,9E+09,9E+09]] \
NoEOffs, v500, z50, tool1;
ENDPROC
PROC routine3()
MoveJ Offs(p160,0,0,100), v500, z50, tool1;
MoveL p160, v50, z0, tool1;
WaitTime 1;
Set do1;
WaitTime 1;
MoveL Offs(p160,0,0,100), v200, z50, tool1;
MoveJ Offs(p170,0,0,100), v500, z50, tool1;
MoveL p170, v50, z0, tool1;
WaitTime 1;
Reset do1;
WaitTime 1;
MoveL p180, v50, z0, tool1;
WaitTime 1;
Set do1;
WaitTime 1;
MoveL Offs(p180,0,0,100), v200, z50, tool1;
MoveL Offs(p120,0,0,100), v500, z50, tool1;
MoveL p120, v200, z0, tool1;
WaitTime 1;
Reset do1;
WaitTime 1;
MoveL Offs(p120,0,0,100), v500, z50, tool1;
MoveL Offs(p130,0,0,100), v200, z50, tool1;
MoveL p130, v50, z0, tool1;
WaitTime 1;
Set do1;
WaitTime 1;
MoveL Offs(p130,0,0,100), v200, z50, tool1;
MoveAbsJ [[0,0,0,0,90,0],[9E+09,9E+09,9E+09,9E+09,9E+09,9E+09]] \
NoEOffs, v500, z50, tool1;
```

```
MoveJ Offs(p190,0,0,100), v500, z50, tool1;
MoveL p190, v200, z0, tool1;
WaitTime 1;
Reset do1;
MoveL Offs(p190,0,0,100), v200, z50, tool1;
ENDPROC
PROC routine4()
MoveJ Offs(p200,0,0,100), v500, z50, tool1;
MoveL p200, v50, z0, tool1;
WaitTime 1;
Set do1;
WaitTime 1;
MoveL Offs(p200,0,0,100), v200, z50, tool1;
MoveJ Offs(p210,0,0,100), v500, z0, tool1;
MoveL p210, v50, z0, tool1;
WaitTime 1;
Reset do1;
WaitTime 1;
MoveL p220, v50, z0, tool1;
WaitTime 1;
Set do1;
WaitTime 1;
MoveL Offs(p220,0,0,100), v200, z50, tool1;
MoveL Offs(p120,0,0,100), v500, z50, tool1;
MoveL p120, v200, z0, tool1;
WaitTime 1;
Reset do1;
WaitTime 1;
MoveL Offs(p120,0,0,100), v500, z50, tool1;
MoveL Offs(p130,0,0,100), v200, z50, tool1;
MoveL p130, v50, z0, tool1;
WaitTime 1;
Set do1;
WaitTime 1;
MoveL Offs(p130,0,0,100), v200, z50, tool1;
MoveAbsJ [[0,0,0,0,90,0],[9E+09,9E+09,9E+09,9E+09,9E+09,9E+09]]\NoEOffs, v500, z50, tool1;
MoveJ Offs(p230,0,0,100), v500, z50, tool1;
MoveL p230, v200, z0, tool1;
```

```
WaitTime 1;
Reset do1;
MoveL Offs(p230,0,0,100), v200, z50, tool1;
ENDPROC
PROC routine5()
MoveJ Offs(p240,0,0,100), v500, z50, tool1;
MoveL p240, v50, z0, tool1;
WaitTime 1;
Set do1;
WaitTime 1;
MoveL Offs(p240,0,0,100), v200, z50, tool1;
MoveL Offs(p250,0,0,100), v500, z50, tool1;
MoveL p250, v50, z0, tool1;
WaitTime 1;
Reset do1;
WaitTime 1;
MoveL p260, v50, z0, tool1;
WaitTime 1;
Set do1;
WaitTime 1;
MoveL Offs(p260,0,0,100), v200, z50, tool1;
MoveL Offs(p120,0,0,100), v500, z50, tool1;
MoveL p120, v200, z0, tool1;
WaitTime 1;
Reset do1;
WaitTime 1;
MoveL Offs(p120,0,0,100), v500, z50, tool1;
MoveL Offs(p130,0,0,100), v200, z50, tool1;
MoveL p130, v50, z0, tool1;
WaitTime 1;
Set do1;
WaitTime 1;
MoveL Offs(p130,0,0,100), v200, z50, tool1;
MoveAbsJ [[0,0,0,0,90,0],[9E+09,9E+09,9E+09,9E+09,9E+09,9E+09]]\
NoEOffs, v500, z50, tool1;
MoveJ Offs(p270,0,0,100), v500, z50, tool1;
MoveL p270, v200, z0, tool1;
WaitTime 1;
Reset do1;
```

```
    MoveL Offs(p270,0,0,100), v200, z50, tool1;
    ENDPROC
    PROC routine6()
    MoveJ Offs(p280,0,0,100), v500, z50, tool1;
    MoveL p280, v50, z0, tool1;
    WaitTime 1;
    Set do1;
    WaitTime 1;
    MoveL Offs(p280,0,0,100), v200, z50, tool1;
    MoveL Offs(p290,0,0,100), v500, z50, tool1;
    MoveL p290, v50, z0, tool1;
    WaitTime 1;
    Reset do1;
    WaitTime 1;
    MoveL p300, v50, z0, tool1;
    WaitTime 1;
    Set do1;
    WaitTime 1;
    MoveL Offs(p300,0,0,100), v200, z50, tool1;
    MoveJ Offs(p120,0,0,100), v200, z50, tool1;
    MoveL p120, v200, z0, tool1;
    WaitTime 1;
    Reset do1;
    WaitTime 1;
    MoveL Offs(p120,0,0,100), v500, z50, tool1;
    MoveL Offs(p130,0,0,100), v200, z50, tool1;
    MoveL p130, v50, z0, tool1;
    WaitTime 1;
    Set do1;
    WaitTime 1;
    MoveL Offs(p130,0,0,100), v200, z50, tool1;
    MoveAbsJ [[0,0,0,0,90,0],[9E+09,9E+09,9E+09,9E+09,9E+09,9E+09]]\
NoEOffs, v500, z50, tool1;
    MoveJ Offs(p310,0,0,100), v500, z50, tool1;
    MoveL p310, v200, z0, tool1;
    WaitTime 1;
    Reset do1;
    MoveL Offs(p310,0,0,100), v200, z50, tool1;
    ENDPROC
```

```
PROC routine7()
MoveJ Offs(p320,0,0,100), v500, z50, tool1;
MoveL p320, v50, z0, tool1;
WaitTime 1;
Set do1;
WaitTime 1;
MoveL Offs(p320,0,0,100), v200, z50, tool1;
MoveJ Offs(p330,0,0,100), v500, z0, tool1;
MoveL p330, v50, z0, tool1;
WaitTime 1;
Reset do1;
WaitTime 1;
MoveL p340, v50, z0, tool1;
WaitTime 1;
Set do1;
WaitTime 1;
MoveL Offs(p340,0,0,100), v200, z50, tool1;
MoveJ Offs(p120,0,0,100), v500, z50, tool1;
MoveL p120, v200, z0, tool1;
WaitTime 1;
Reset do1;
WaitTime 1;
MoveJ Offs(p120,0,0,100), v500, z50, tool1;
MoveL Offs(p130,0,0,100), v200, z50, tool1;
MoveL p130, v50, z0, tool1;
WaitTime 1;
Set do1;
WaitTime 1;
MoveL Offs(p130,0,0,100), v200, z50, tool1;
MoveAbsJ [[0,0,0,0,90,0],[9E+09,9E+09,9E+09,9E+09,9E+09,9E+09]] \
NoEOffs, v500, z50, tool1;
MoveJ Offs(p350,0,0,100), v500, z50, tool1;
MoveL p350, v200, z0, tool1;
WaitTime 1;
Reset do1;
MoveL Offs(p350,0,0,100), v200, z50, tool1;
ENDPROC
PROC routine8()
MoveJ Offs(p360,0,0,100), v500, z50, tool1;
```

```
MoveL p360, v50, z0, tool1;
WaitTime 1;
Set do1;
WaitTime 1;
MoveL Offs(p360,0,0,100), v200, z50, tool1;
MoveL Offs(p370,0,0,100), v500, z50, tool1;
MoveL p370, v50, z0, tool1;
WaitTime 1;
Reset do1;
WaitTime 1;
MoveL p380, v50, z0, tool1;
WaitTime 1;
Set do1;
WaitTime 1;
MoveL Offs(p380,0,0,100), v200, z50, tool1;
MoveJ Offs(p120,0,0,100), v500, z50, tool1;
MoveL p120, v200, z0, tool1;
WaitTime 1;
Reset do1;
WaitTime 1;
MoveJ Offs(p120,0,0,100), v500, z50, tool1;
MoveL Offs(p130,0,0,100), v200, z50, tool1;
MoveL p130, v50, z0, tool1;
WaitTime 1;
Set do1;
WaitTime 1;
MoveL Offs(p130,0,0,100), v200, z50, tool1;
MoveAbsJ [[0,0,0,0,90,0],[9E+09,9E+09,9E+09,9E+09,9E+09,9E+09]]\
NoEOffs, v500, z50, tool1;
MoveJ Offs(p390,0,0,100), v500, z50, tool1;
MoveL p390, v200, z0, tool1;
WaitTime 1;
Reset do1;
MoveL Offs(p390,0,0,100), v200, z50, tool1;
ENDPROC
PROC routine9()
MoveJ Offs(p400,0,0,100), v500, z50, tool1;
MoveL p400, v50, z0, tool1;
WaitTime 1;
```

```
Set do1;
WaitTime 1;
MoveL Offs(p400,0,0,100), v200, z50, tool1;
MoveJ Offs(p410,0,0,100), v200, z50, tool1;
MoveL p410, v50, z0, tool1;
WaitTime 1;
Reset do1;
WaitTime 1;
MoveL p420, v50, z0, tool1;
WaitTime 1;
Set do1;
WaitTime 1;
MoveL Offs(p420,0,0,100), v200, z50, tool1;
MoveJ Offs(p120,0,0,100), v500, z50, tool1;
MoveL p120, v200, z0, tool1;
WaitTime 1;
Reset do1;
WaitTime 1;
MoveJ Offs(p120,0,0,100), v500, z50, tool1;
MoveL Offs(p130,0,0,100), v200, z50, tool1;
MoveL p130, v50, z0, tool1;
WaitTime 1;
Set do1;
WaitTime 1;
MoveL Offs(p130,0,0,100), v200, z50, tool1;
MoveAbsJ [[0,0,0,0,90,0],[9E+09,9E+09,9E+09,9E+09,9E+09,9E+09]]\
NoEOffs, v500, z50, tool1;
MoveJ Offs(p430,0,0,100), v500, z50, tool1;
MoveL p430, v200, z0, tool1;
WaitTime 1;
Reset do1;
MoveL Offs(p430,0,0,100), v200, z50, tool1;
ENDPROC
PROC routine10()
MoveJ Offs(p440,0,0,100), v500, z50, tool1;
MoveL p440, v50, z0, tool1;
WaitTime 1;
Set do1;
WaitTime 1;
```

```
MoveL Offs(p440,0,0,100), v200, z50, tool1;
MoveL Offs(p450,0,0,100), v500, z50, tool1;
MoveL p450, v50, z0, tool1;
WaitTime 1;
Reset do1;
WaitTime 1;
MoveL p460, v50, z0, tool1;
WaitTime 1;
Set do1;
WaitTime 1;
MoveL Offs(p460,0,0,100), v200, z50, tool1;
MoveAbsJ [[22.8104, -12.1028,44.6082,0.145202,57.9235, -6.67826],[9E+09,9E
+09,9E+09,9E+09,9E+09,9E+09]]\NoEOffs, v500, z50, tool1;
MoveJ Offs(p120,0,0,100), v500, z50, tool1;
MoveL p120, v200, z0, tool1;
WaitTime 1;
Reset do1;
WaitTime 1;
MoveL Offs(p130,0,0,100), v200, z50, tool1;
MoveL p130, v50, z0, tool1;
WaitTime 1;
Set do1;
WaitTime 1;
MoveL Offs(p130,0,0,100), v200, z50, tool1;
MoveAbsJ [[0,0,0,0,90,0],[9E+09,9E+09,9E+09,9E+09,9E+09,9E+09]]\
NoEOffs, v500, z50, tool1;
MoveJ Offs(p470,0,0,100), v500, z50, tool1;
MoveL p470, v200, z0, tool1;
WaitTime 1;
Reset do1;
MoveL Offs(p470,0,0,100), v200, z50, tool1;
ENDPROC
PROC Routine2()
MoveAbsJ [[0,0,0,0,90,0],[9E+09,9E+09,9E+09,9E+09,9E+09,9E+09]]\
NoEOffs, v500, z50, tool1;
Reset do1;
WaitDI di1, 1;
MoveL p150, v500, z50, tool1;
MoveJ p10, v400, z20, tool1;
```

```
MoveJ Offs(p30,0,0,100), v200, z50, tool1;
MoveL p30, v50, z0, tool1;
WaitTime 1;
Set do1;
WaitTime 1;
MoveL Offs(p30,0,0,100), v200, z50, tool1;
MoveL p40, v200, z50, tool1;
MoveJ Offs(p60,0,0,100), v300, z50, tool1;
MoveL p60, v50, z0, tool1;
WaitTime 1;
Reset do1;
WaitTime 1;
MoveL Offs(p60,0,0,100), v200, z50, tool1;
MoveAbsJ [[0,0,0,0,90,0],[9E+09,9E+09,9E+09,9E+09,9E+09,9E+09]] \
NoEOffs, v500, z50, tool1;
ENDPROC
ENDMODULE
```

6.2 KUKA 焊接机器人

6.2.1 KUKA 焊接机器人简介

如图 6-3 所示，KUKA 工业机器人和焊接电源所组成的机器人自动化焊接系统，能够自由、灵活地实现各种复杂三维加工轨迹，从而将工作人员从恶劣的工作环境中解放出来，从事更高附加值的工作。

6.2.2 KUKA 焊接机器人示教再现过程

焊接时，焊接机器人按照事先编辑好的程序运动，这个程序一般是由操作人员按照焊缝形状示教机器人并记录运动轨迹而形成的。

1. 示教前准备

1）打开控制柜上的电源开关，使其在“ON”状态。

2）将运动模式调到“T1”手动慢速运行模式。

3）在目录结构中用［光标上/下］键标记新建程序所在的文件夹，关闭的文件夹可用［回车］键将其打开。

4）用右光标切换进入文件列表。

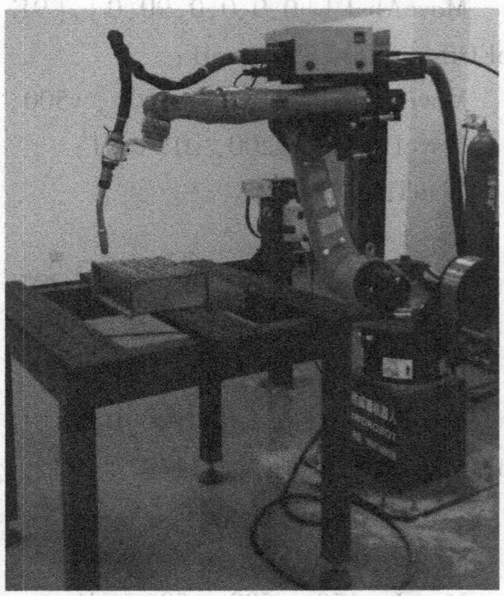

图 6-3　KUKA 焊接机器人

5）单击“新建”按钮。选择模板窗口将其打开，标记所希望的模板，并单击“OK”按钮，输入程序名称后，再次单击“OK”按钮。

2. 示教

1）按住［安全］键，接通伺服电源，机器人进入可动作状态。

2）按［程序向前执行］键，将机器人移动到“HOME”位置。

3）编辑机器人要走的轨迹。以焊接如图 6-4 所示 A、B 边为例。

（1）机器人的调点　按下［程序向前执行］键和［轴操作］键，将机器人移动到作业位置，选择运动方式（点对点 PTP、直线 LIN、圆弧 CIRC），设置好相应参数，按“参数确定”按钮确定参数。

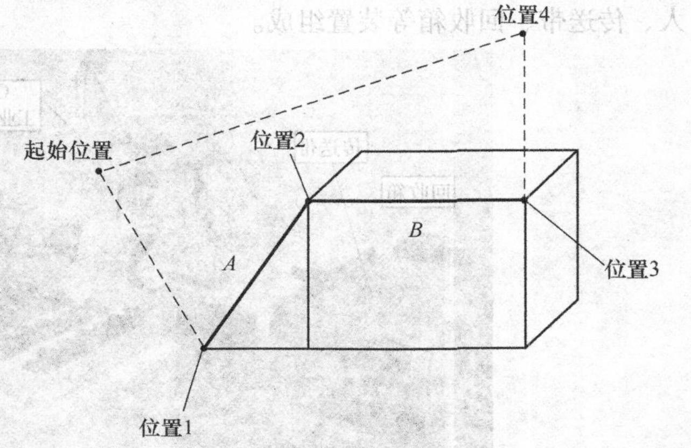

图 6-4　焊接工件

（2）弧焊的增设　焊接开始：按“工艺”按钮，选择“气体保护焊开”，选择运动方式（点对点 PTP、直线 LIN、圆弧 CIRC），设置好相应参数，按“参数确定”按钮确定。

在焊接过程中，焊缝有不同的几种形式（LIN 与 CIRC），为了不使焊接中断，必须使用“气体保护焊开关”。

焊接结束：按“工艺”按钮，选择“气体保护焊关”，选择运动方式（点对点 PTP、直线 LIN、圆弧 CIRC），设置好相应参数，按“参数确定”按钮确定。

3. 再现前准备

1）确认所设定的程序中的轨迹操作。

- 按下“编辑”按钮，选择“程序复位”。
- 按住［安全］键，接通伺服电源，机器人进入可动作状态。
- 按下［程序向前执行］键运行程序，确认所设定的轨迹。

2）单击  → 。

3）将运动模式调到“AUT”自动运行模式。

4. 再现

按下［程序向前执行］键运行程序，实现焊接操作。

5. 程序

1 INT

2 PTP HOME Vel = 100% DEFAULT

3 PTP P1 Vel = 30% PDATl ARC_ ON PS S Seanl Tool ［1］：tooll Base ［0］

4 LIN P2 CONT CPDAT1 ARC PS W1 Tool ［1］：tooll Base ［0］

5 LIN P3 CPDAT2 ARC_ OFF PS W2 E Seaml Tool ［1］：tooll Base ［0］

6 PTP P4 Vel = 30% PDAT2 Tool ［1］：tooll Base ［0］

7 PTP HOME Vel = 100% DEFAULT

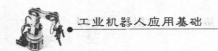

6.3 OTC 搬运系统

6.3.1 OTC 搬运系统简介

如图 6-5 所示，OTC 搬运系统主要由进料装置、车削装置、码垛装置、OTC 工业机器人、传送带、回收箱等装置组成。

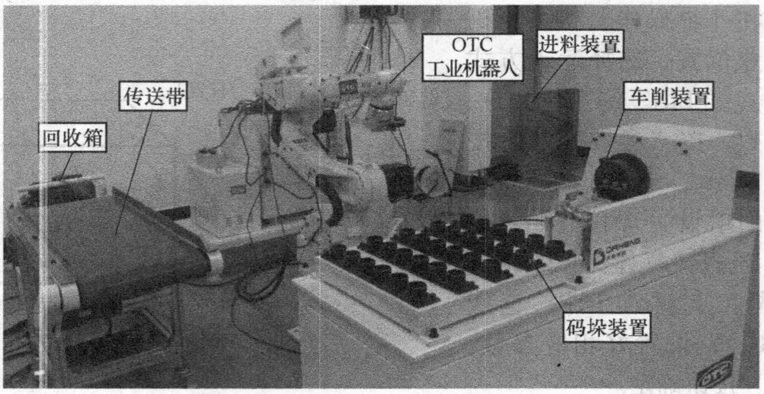

图 6-5 OTC 搬运系统

生产过程中，OTC 工业机器人从进料装置抓取工件，放置在车削装置的三爪卡盘上，装夹到位后，刀具对工件进行车削加工，然后 OTC 工业机器人将加工后的工件放置在码垛装置中，待工件装满后 OTC 工业机器人下料到输送带，送回到回收箱。

6.3.2 OTC 搬运系统示教再现过程

1. 示教前准备

1）开启总电源。

2）开启机器人电源。

3）开机之后等机器人完全启动需要 2 ~ 3min。

4）启动之后按“运转准备”按钮，“运转准备”灯亮了说明伺服已经启动。如没有则要查看“急停”按钮是否被按下，当有时解除即可，解除之后再按下“运转准备”按钮。“运转准备”和“紧急停止”在示教器上会显示（见表 3-4）。

5）示教时，示教器和操作盒上必须选择“示教”模式。

6）运转灯亮后，看一下是否在示教状态下，如果在就可以按住示教器上的动作可开关进行示教，此时示教器上会显示一个小圆圈（绿色的），如图 6-6 所示。

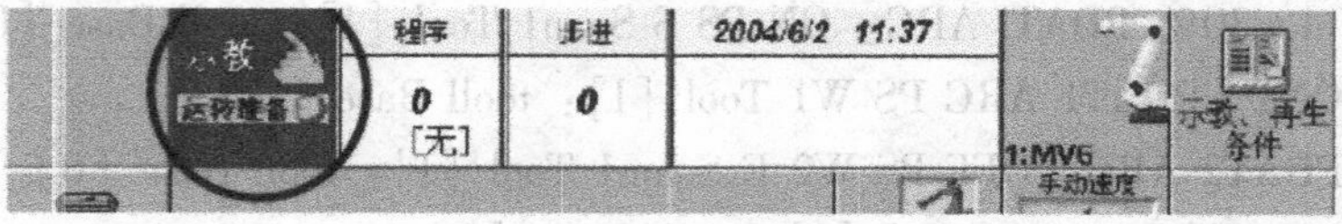

图 6-6 OTC 焊接机器人显示屏界面

7）动作可开关必须一直按住才能操作六轴。

2. 示教

（1）机器人的调点

1）按[动作可能]键+[程序/步骤]键，出现程序选择界面。输入需要调用的程序号，按[确定]键，进入程序编辑界面。

2）选择合适的机器人轴移动方式（轴坐标、机器人坐标、工具坐标）将机器人移动到机器人轨迹上各位置点，通过按不同的功能键选择合适的运动方式（F7（定位P）、F8（直线LIN）、F9（圆弧CIR1、CIR2）），最后按F12键写入记录的位置点。

3）将程序的结束位置点设置成初始位置点：按［动作可能］键+［程序/步骤］键，出现步骤选择界面，调用步骤栏输入初始位置步骤号，按［确定］键确认。

4）调点结束后输入FN92结束命令结束程序编辑。

5）按动作可开关+[前进检查]或[后退检查]键检查编辑好的程序。

（2）机器人点的修改

1）将机器人移动到需要修改的程序点的位置处，到位后光标显示黄色。

2）将机器人移动到目标位置，按[动作可能]键+[修正]键，弹出系统提示界面确定完成修正，此时光标显示绿色。

（3）机器人点的插入

1）将机器人移动到需要插入的程序点的位置处，到位后光标显示黄色。

2）将机器人移动到所插入程序点的目标位置，按[动作可能]键+[插入]键，弹出系统提示界面确定，即完成在该程序点的后面插入程序点的操作，此时光标显示绿色。

（4）机器人点的删除

1）将机器人移动到需要删除的程序点的位置处，到位后光标显示黄色。

2）按［动作可能］键+［删除］键，弹出系统提示界面确定，即完成该程序点的删除，此时下面程序点光标显示绿色。

（5）机械手抓放的实现

1）按[FN]+[32]调出“输出信号ON”命令，单击“SET”按钮，在输入框中输入“97”（硬件“97”端口连接机械手电磁阀开关），实现气动机械手的抓取动作。

2）按[FN]+[34]调出“输出信号OFF”命令，单击“RESET”按钮，在输入框中输入“97”（硬件“97”端口连接机械手电磁阀开关），实现气动机械手的释放动作。

（6）车削的实现

1）按[FN]+[32]调出“输出信号ON”命令，单击“SET”按钮，在输入框中输入“98”（硬件“98”端口连接机械手电磁阀开关），实现车刀模拟车削动作。

2）按[FN]+[34]调出“输出信号OFF”命令，单击“RESET”按钮，在输入框中输入“98”（硬件“98”端口连接机械手电磁阀开关），实现车刀收回动作。

其中，机械手抓放和车削的实现前后需要添加延时指令。

3. 再现前的准备

1）机器人程序设好之后必须对程序进行工位分配。

2）由于一台机器人可以执行多个程序，因此将机器人需要执行的工作程序分配到具体工位即可。

4. 再现

1）把示教编程器和示教盒上的模式旋钮设定在“再生”档上，成为自动模式。

2）按［运转准备］键，接通伺服电源。

3）按［启动］键，机器人把示教过的程序运行一个循环后停止。

5. 程序

```
0 [START]
1 7200 cm/m LIN A1 T1 S1
2 ALLCLR           FN0;输出信号全部清除
3 60.0% JOINT A1 T1 S1
4 60.0% JOINT A1 T1 S1
5 60.0% JOINT A1 T1 S1
6 1500 cm/m LIN A1 T1 S1
7 900 cm/m LIN A1 T1 S1
8 600 cm/m LIN A1 T1 S1
9 SET[097]         FN32;输出信号 ON
10 DELAY[1]        FN50;计时器
11 600 cm/m LIN A1 T1 S1
12 1000 cm/m LIN A1 T1 S1
13 5000 cm/m LIN A1 T1 S1
14 5000 cm/m LIN A1 T1 S1
15 100% JOINT A1 T1 S1
16 100% JOINT A1 T1 S1
17 3000 cm/m LIN A1 T1 S1
18 1200 cm/m LIN A1 T1 S1
19 600 cm/m LIN A1 T1 S1
20 DELAY[1]        FN50;计时器
21 RESET[097]      FN34;输出信号 OFF
22 DELAY[1]        FN50;计时器
23 1000 cm/m LIN A1 T1 S1
24 SET[097]        FN32;输出信号 ON
25 DELAY[3]        FN50;计时器
26 RESET[098]      FN34;输出信号 OFF
27 DELAY[2]        FN50;计时器
28 1000 cm/m LIN A1 T1 S1
29 DELAY[1]        FN50;计时器
30 SET[097]        FN32;输出信号 ON
31 DELAY[1]        FN50;计时器
32 600 cm/m LIN A1 T1 S1
33 1000 cm/m LIN A1 T1 S1
```

```
34 60.0% JOINT A1 T1 S1
35 60.0% JOINT A1 T1 S1
36 1000 cm/m LIN A1 T1 S1
37 600 cm/m LIN A1 T1 S1
38 DELAY[1]        FN50;计时器
39 RESET[097]      FN34;输出信号 OFF
40 DELAY[2]        FN50;计时器
41 600 cm/m LIN A1 T1 S1
42 3000 cm/m LIN A1 T1 S1
43 100% JOINT A1 T1 S1
44 100% JOINT A1 T1
45 100% JOINT A1 T1 S1
46 ALLCLR
47 2000 cm/m LIN A1 T1 S1
48 600 cm/m LIN A1 T1 S1
49 DELAY[1]        FN50;计时器
50 SET[097]        FN32;输出信号 ON
51 DELAY[1]        FN50;计时器
52 600 cm/m LIN A1 T1 S1
53 1500 cm/m LIN A1 T1 S1
54 60% JOINT A1 T1 S1
55 1000 cm/m LIN A1 T1 S1
56 DELAY[1]        FN50;计时器
57 RESET[097]      FN34;输出信号 OFF
58 DELAY[1]        FN50;计时器
59 1000 cm/m LIN A1 T1 S1
60 100% JOINT A1 T1 S1
61 100% JOINT A1 T1
62 100% JOINT A1 T1 S1
63 ALLCLR
64 2000 cm/m LIN A1 T1 S1
65 600 cm/m LIN A1 T1 S1
66 DELAY[1]        FN50;计时器
67 SET[097]        FN32;输出信号 ON
68 DELAY[1]        FN50;计时器
69 600 cm/m LIN A1 T1 S1
70 1500 cm/m LIN A1 T1 S1
71 60% JOINT A1 T1 S1
72 1000 cm/m LIN A1 T1 S1
```

```
73 DELAY[1]          FN50;计时器
74 RESET[097]        FN34;输出信号 OFF
75 DELAY[1]          FN50;计时器
76 1000 cm/m LIN A1 T1 S1
77 100% JOINT A1 T1 S1
78 END               FN92;终端
[EOF]
```

6.4 MOTOMAN 视觉运输系统

6.4.1 MOTOMAN 视觉运输系统简介

如图 6-7 所示，MOTOMAN 视觉运输系统由进料运送带、视觉系统、MOTOMAN 工业机器人、回料运送带等组成。

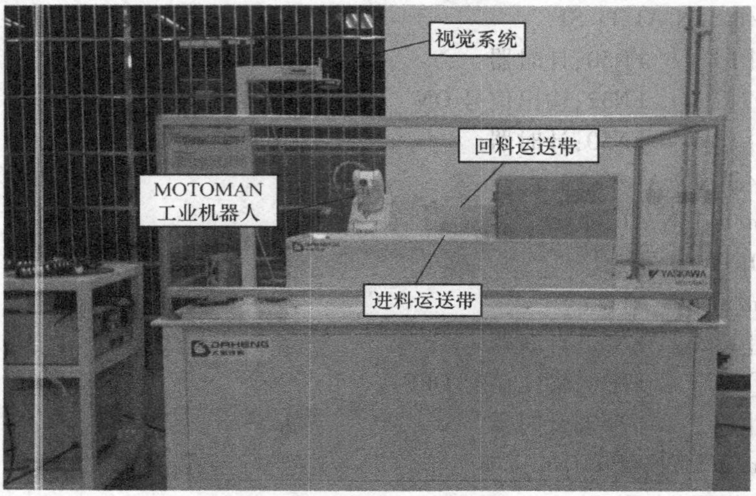

图 6-7　MOTOMAN 视觉运输系统

MOTOMAN 工业机器人经视觉系统检测工件的材质、类型后转换为合适的抓取装置（气动式吸盘或机械手），将工件放置在回料运送带上。

6.4.2 MOTOMAN 视觉运输系统示教再现过程

1. 示教前的准备

（1）视觉系统坐标系设置

本套 MOTOMAN 视觉运输系统采用 OMRON FZ4 系列视觉传感器，示教前需要预先设置该视觉系统坐标系，步骤如下：

1）首先在操作界面的“场景切换”中选择一个空白场景。

2）为了将功能块添加进来，应先单击“流程编辑”按钮，进入编辑界面。

3）单击“图像输入”按钮，调整图像的亮度。

4）单击“校准”按钮，进入校准界面。在“校准设定方法”选项中可以选择“点”“数值”和“样品”。

以“点”校准为例：选择“点”校准，在图像界面上点一点，在跳出的界面上有此点的像素坐标，假设机械手处于此位置，则输入机械手的坐标，单击“确定”按钮。一般设置三个点确定一个平面，按照前面的方法点选另外两个点，此时的“校准参数”就确定了。

5）单击“确定”按钮，退出“图像输入”模块，进入“流程编辑”界面。

6）选择右边栏的“形状搜索”按钮，单击“追加”按钮，再单击左边栏的“形状搜索”按钮，进入“形状搜索”界面。

7）在登录图形中有几种不同的登录模型的工具可以选择，根据工件的形状选择模型，将模型的中心点尽量与工件的中心点重合，再移动模型的边界，并让模型的边界在工件边界的外侧，单击“确定”按钮。

8）单击“区域设定”按钮，在区域设定中可以设定搜索范围的形状。

9）在“测量参数”功能中根据工件的形状选择合适的“测量条件”，再单击“测量”，此时在“判定”功能中显示的坐标是像素坐标，单击“输出参数”按钮，将“校准”打开，再回到“测量参数”界面，单击“测量”按钮，此时在“输出参数”中显示的就是在机器人用户坐标系的坐标。单击“确定”按钮，退出“形状搜索”模块，进入“流程编辑”界面。

10）在“输出”栏中单击“串行数据输出”，单击“追加”并选中，进入“串行数据输出”编辑界面。

11）将表达式“0”设置为X轴坐标，在“表达式设定”中选择“1. 形状搜索”，再选择“测量坐标X”。再按照上面的步骤将表达式“1”设置为“形状搜索”中的Y坐标，“2”设置为“测量角度”，将“3”设置为数字“2”，将输出格式设置为“以太网”，单击“确定”按钮。

12）若有两种工件，则需要编辑两个“形状搜索”条件，因此在“1. 形状搜索”后面插入一个“条件分支”，复制“1. 形状搜索”和“3. 串行数据输出”粘贴在“3. 串行数据输出”后。

13）单击“条件分支”按钮，在“表达式A”中选择“1. 形状搜索”，再选择“判定”，在“表达式B”中写入“1”，如果结果为“YES”，则执行第三步，为“NO”，则执行第五步。

14）第五步和第六步的设置参照6）~11）步。

（2）机器人用户坐标系的建立

1）确认示教编程器上的模式旋钮对准“TEACH”模式，设定为示教模式。

2）按［伺服准备］键，伺服电源接通的灯开始闪烁。

3）在主菜单选择“程序”命令，然后在子菜单选择“新建程序”命令。

4）显示新建程序画面后，按［选择］键，显示字符输入画面后，输入程序名，按［回车］键进行登录。

5）光标移动到“执行”上，按［选择］键，所建程序被登录，画面上显示该程序，“NOP”和“END”命令自动生成。

6）通过单击示教器界面左边的“坐标调整”按钮调整气动式吸盘的位置，使得气动式吸盘的坐标位置处于镜头视野内的一个较为合适的位置。

7）通过单击“机器人”→“用户坐标”→选取一个空白坐标系并命名→按[联锁]+[选择]进入坐标系建立界面。

8）首先将目前的位置设置为用户坐标系的原点，选择“ORG”，按［修改］→[回车]。

9）在直角坐标系下，首先按左侧［Z+］键，抬起吸盘，再按［X+］和［X-］键，随意移动到一个位置，选择XX，按［修改］→［回车］，X轴设置完毕。

10）选择“ORG”，按［前进］键，使得吸盘回到原点位置，按左侧［Z+］键，抬起吸盘，再按［Y+］和［Y-］，随意移动到一个位置，选择YY，按［修改]→[回车］键，Y轴设置完毕，即用户坐标设置完毕。

（3）OMRON界面样品校准

1）首先在欧姆龙界面中编辑好程序的各个步骤，再在步骤中单击“图像输入”→“校准”按钮，选择“样品”校准。

2）使用示教编辑器，手动调整吸盘移动到工件的正上方，尽量使得吸盘的圆心与方块的中点重合，使吸盘吸起工件，手动操作，令吸盘携带工件移动到任意一个位置，放下工件，单击“机器人”→“当前坐标”按钮，记录下此时在新建立的用户坐标系下的X、Y值。

3）在欧姆龙界面单击“样品测量”按钮，在实际坐标上填上刚才记录的X、Y坐标，完成一个点的校准。

4）继续2）、3）步骤，完成第二个和第三个点的校准。

2. 示教

（1）机器人的调点

1）握住安全开关，接通伺服电源，机器人进入可动作状态。

2）用［轴操作］键把机器人移动到开始位置，开始位置请设置在安全并适合作业准备的位置。

3）按［插补方式］键，选择合适的插补方式（MOVJ、MOVL、MOVC等）。

4）光标放在行号处，按［选择］键。

5）把光标移到右边的速度“VJ=＊.＊＊”上，按［转换］键的同时按［光标］键，设定再现速度。

6）按［回车］键确认。

（2）程序结束点

最后的程序点一般设置与最初的程序点重合，步骤如下：

1）把光标移动到最初的程序点。

2）按［动作可能］＋［前进］键，机器人移动到最初的程序点。

3）把光标移动到最后的程序点。

4）按［修改］键。

5）按［回车］键，最后的程序点的位置被修改到与最初的程序点相同的位置。

（3）轨迹的确认

在完成了机器人动作程序输入后，运行一下这个程序，以便检查各程序点是否有不妥之处。

1）把光标移到程序起始点。

2）按手动速度的［高］或［低］键，设定速度为“中”。

3）按［动作可能］＋［前进］键，通过机器人的动作确认各程序点。每按一次［动作可能］＋［前进］键，机器人移动一个程序点。

4）程序点确认完成后，把光标移到程序起始处。

5）最后试一试所有程序点的连续动作。按下［联锁］键的同时，按［试运行］键，机器人连续再现所有程序点，一个循环后停止运行。

（4）程序的修改

确认了在各程序点机器人的动作后，如有必要进行位置修改、程序点插入或删除，请按以下步骤对程序进行编辑。程序修改后，请务必确认轨迹。

1）在主菜单中选择“程序”，在子菜单中选择“程序内容”。

2）连续按［动作可能］＋［前进］键，把光标移至待修改的程序点位置。每按一次［动作可能］+［前进］键，机器人移动一个程序点。

3）用［轴操作］键把机器人移至修改后的位置。

4）按［修改］键。

5）按［回车］键，程序点的位置数据被修改。

（5）插入程序点

1）按［动作可能］＋［前进］键，把机器人移到欲插入的位置前一个程序点。

2）用［轴操作］键把机器人移至欲插入的位置。

3）按［插入］键。

4）按［回车］键，完成程序点的插入。所插入的程序点之后的各程序点序号自动加 1。

（6）删除程序点

1）按［动作可能］＋［前进］键，把机器人移到要删除的程序点。

2）确认光标位于要删除的程序点处，按下［删除］键。

3）按［回车］键。程序点被删除。

（7）修改程序点之间的速度

1）把光标移到需要修改速度的程序点位置。

2）把光标移到命令区，按［选择］键。

3）把光标移到右边的速度“V = *”上，按［转换］键的同时按［光标上/下］键，直到出现希望的速度。

4）按［回车］键，速度修改完成。

3. 再现前的准备

1）把光标移到程序开头。

2）用［轴操作］键把机器人移到程序起始点。

4. 再现

1）把示教编程器上的模式旋钮设定在“PLAY”模式上，成为自动模式。

2）按［伺服准备］键，接通伺服电源。

3）按［启动］键，机器人把示教过的程序运行一个循环后停止。

5. 程序

(1) 主程序(3-0)

```
0000 NOP
0001 MOVJ VJ=80.00
0002 DOUT OT#(3) OFF
0003 DOUT OT#(1) OFF
0004 DOUT OT#(2) OFF
0005 TIMER T=0.400
0006 DOUT OT#(3) ON
0007 WAIT IN#(1)=ON
0008 DOUT OT#(3) OFF
0009 *1
0010 SETE P110 (1) 0
0011 SET I090 0
0012 SETE P110 (2) 0
0013 SETE P110 (3) 0
0014 SETE P110 (4) 0
0015 SETE P110 (5) 0
0016 SETE P110 (6) 0
0017 VSTART FIND FT=0 MD=0 VF#(1)
0018 VWAIT
0019 CALL JOB:3-2 IF I090=2
0020 CALL JOB:3-1 IF I090=1
0021 CALL JOB:3-3 IF I090=0
0022 JUMP *1
0023 END
```

(2) 调用程序(3-1)

```
0000 NOP
0001 MOVJ C00000 VJ=100.00
0002 SFTON P110 UF#(11)
0003 MOVJ C00001 VJ=80.00
0004 MOVL C00002 V=20.0
0005 DOUT OT#(1) ON
0006 TIMER T=0.200
0007 MOVL C00003 V=50.0
0008 TIMER T=0.200
0009 SFTOF
0010 MOVJ C00004 VJ=80.00
0011 MOVJ C00005 VJ=100.00
```

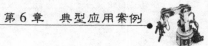

```
0012 MOVJ C00006 VJ=60.00
0013 DOUT OT#(1) OFF
0014 TIMER T=0.500
0015 MOVJ C00007 VJ=80.00
0016 MOVJ C00008 VJ=80.00
0017 END
```

（3）调用程序(3-2)

```
0000 NOP
0001 SFTON P110 UF#(11)
0002 MOVJ C00000 VJ=80.00
0003 MOVL C00001 V=30.0
0004 DOUT OT#(2) ON
0005 TIMER T=0.200
0006 MOVL C00002 V=50.0
0007 TIMER T=0.200
0008 SFTOF
0009 MOVJ C00003 VJ=100.00
0010 MOVJ C00004 VJ=100.00
0011 MOVJ C00005 VJ=60.00
0012 DOUT OT#(2) OFF
0013 TIMER T=0.500
0014 MOVJ C00006 VJ=60.00
0015 MOVJ C00007 VJ=80.00
0016 MOVJ C00008 VJ=80.00
0017 END
```

（4）调用程序(3-3)

```
0000 NOP
0001 MOVJ C00000 VJ=80.00
0002 DOUT OT#(3) ON
0003 WAIT IN#(1)=ON
0004 DOUT OT#(3) OFF
0005 END
```

附　　录

附录 A　ABB 常用指令表

类　　型	指　　令	功　　能
程序的调用	ProCall	调用例行程序
	CallByVar	通过带变量的例行程序名称调用例行程序
	RETURN	返回原例行程序
例行程序内的逻辑控制	Compact IF	如果条件满足，就执行一条指令
	IF	当满足不同的条件时，执行对应的程序
	FOR	根据指定的次数，重复执行对应的程序
	WHILE	如果条件满足，重复执行对应的程序
	TEST	对一个变量进行判断，从而执行不同的程序
	GOTO	跳转到例行程序内标签的位置
	Label	跳转标签
停止程序执行	Stop	停止程序执行
	EXIT	停止程序执行并禁止在停止处再开始
	Break	临时停止程序的执行，用于手动调试
	SystemStopAction	停止程序执行和机器人运动
	ExitCycle	中止当前程序的运行并将程序的指针 PP 复位到主程序的第一条指令。如果选择了程序连续运行模式，程序将从主程序的第一句重新执行
赋值指令	：=	对程序数据进行赋值
等待指令	WaitTime	等待一个指定的时间，程序再往下执行
	WaitUntil	等待一个条件满足后，程序继续往下执行
	WaitDI	等待一个输入信号状态为设定值
	WaitDO	等待一个输出信号状态为设定值
程序注释	Comment	对程序进行注释
程序模块加载	Load	从机器人硬盘加载一个程序模块到运行内存
	UnLoad	从运行内存中卸载一个程序模块
	StartLoad	在程序执行的过程中，加载一个程序模块到运行内存中
	WaitLoad	当 Start Load 使用后，使用此指令将程序模块连接到任务中使用
	CancelLoad	取消加载程序模块
	CheckProgRef	检查程序引用
	Save	保存程序模块
	EraseModule	从运行内存删除程序模块

（续）

类　型	指　令	功　能
变量功能	TryInt	判断数据是否是有效的整数
	OpMode	读取当前机器人的操作模式
	RunMode	读取当前机器人程序的运行模式
	NonMotionMode	在程序任务中，读取当前是否为无运动的执行模式
	Dim	读取一个数组的维数
	Present	读取带参数例行程序的可选参数值
	IsPers	判断一个参数是不是可变量
	IsVar	判断一个参数是不是变量
转换功能	StrToByte	将字符串转换为指定格式的字节数据
	ByteToStr	将字节数据转换成字符串
速度设定	VelSet	设定最大的速度与倍率
	SpeedRefresh	更新当前运动的速度倍率
	AccSet	定义机器人的加速度
	WorldAccLim	设定大地坐标中工具与载荷的加速度
	PathAccLim	设定运动路径中TCP的加速度
	MaxRobSpeed	获取当前型号机器人可实现的最大TCP速度
轴配置管理	ConfJ	关节运动的轴配置控制
	ConfL	线性运动的轴配置控制
奇异点的管理	SingArea	设定机器人运动时，在奇异点的插补方式
位置偏置功能	PDispOn	激活位置偏置
	PDospSet	激活指定数值的位置偏置
	PDospOff	关闭位置偏置
	EOffsOn	激活外轴偏置
	EOffsSet	激活指定数值的外轴偏置
	EOffsOff	关闭外轴位置偏置
	DefDFrame	通过三个位置数据计算出位置的偏置
	DefFrame	通过六个位置数据计算出位置的偏置
	ORobT	从一个位置数据删除位置偏置
	DefAccFrame	从原始位置和替换位置定义一个框架
软伺服功能	SoftAct	激活一个或多个轴的软伺服功能
	SoftDeact	关闭软伺服功能
机器人参数调整功能	TuneServo	伺服调整
	TuneReset	伺服调整复位
	PathResol	几何路径精度调整
	CirPathMode	在圆弧插补运动时，工具姿态的变换方式

（续）

类　型	指　令	功　能
空间监管管理	WZBoxDef	定义一个方形的监控空间
	WZCylDef	定义一个圆弧形的监控空间
	WZSphDef	定义一个球形的监控空间
	WZHomeJointDef	定义一个关节轴坐标的监控空间
	WZLimJointDef	定义一个限定为不可进入的关节轴坐标监控空间
	WZLimSup	激活一个监控空间并限定为不可进入
	WZDOSet	激活一个监控空间并与一个输出信号关联
	WZEnable	激活一个临时的监控空间
	WZFree	关闭一个临时的监控空间
机器人运动控制	MoveC	TCP 圆弧运动
	MoveJ	关节运动
	MoveL	TCP 线性运动
	MoveAbsJ	轴绝对角度位置运动
	MoveExtJ	外部直线轴和旋转轴运动
	MoveCDO	TCP 圆弧运动的同时触发一个输出信号
	MoveJDO	关节运动的同时触发一个输出信号
	MoveLDO	TCP 线性运动的同时触发一个输出信号
	MoveCSync	TCP 圆弧运动的同时执行一个例行程序
	MoveJSync	关节运动的同时执行一个例行程序
	MoveLSync	TCP 线性运动的同时执行一个例行程序
搜索功能	SearchC	TCP 圆弧搜索运动
	SearchExtJ	外轴搜索运动
指定位置触发信号与中断功能	TriggIO	定义触发条件在一个指定的位置触发输出信号
	TriggInt	定义触发条件在一个指定的位置触发中断程序
	TriggCheckIO	定义一个指定的位置进行 I/O 状态检查
	TriggEquip	定义触发条件在一个指定的位置触发输出信号，并对信号响应的延迟进行补偿设定
	TriggRampAO	定义触发条件在一个指定的位置触发模拟输出信号，并对信号响应的延迟进行补偿设定
	TriggC	常触发事件的圆弧运动
	TriggJ	常触发事件的关节运动
	TriggL	常触发事件的线性运动
	TriggLIOs	在一个指定的位置触发输出信号的线性运动
	StepBwdPath	在 RESTART 的事件程序中进行路径的返回
	TriggStopProc	在系统中创建一个监控处理，用于在 STOP 和 QSTOP 中需要信号复位和程序数据复位的操作
	TriggSpeed	定义模拟输出信号与时间 TCP 速度之间的配合

（续）

类　型	指　令	功　能
出错或中断时的运动控制	StopMove	停止机器人运动
	StartMove	重新启动机器人运动
	StartMoveRetry	重新启动机器人运动及相关的参数设定
	StopMoveReset	对停止运动状态复位，但不重新启动机器人运动
	StorePath	储存已生成的最近路径
	RestoPath	重新生成之前储存的路径
	ClearPath	在当前的运动路径级别中，清空整个运动路径
	PathLevel	获取当前路径级别
	SyncMoveSuspend	在 StorePath 的路径级别中暂停同步坐标的运动
	SyncMoveResume	在 StorePath 的路径级别中重返同步坐标的运动
	IsStopMoveAct	获取当前停止运动标识符
外轴的控制	DeactUnit	关闭一个外轴单元
	ActUnit	激活一个外轴单元
	MechUnitLoad	定义外轴单元的有效载荷
	GetNextMechUnit	检索外轴单元在机器人系统中的名字
	IsMechUnitActive	检查一个外轴单元状态是关闭或是激活
独立轴控制	IndAMove	将一个轴设定为独立轴模式并进行绝对位置方式运动
	IndCMove	将一个轴设定为独立轴模式并进行连续方式运动
	IndDMove	将一个轴设定为独立轴模式并进行角度方式运动
	IndRMove	将一个轴设定为独立轴模式并进行相对位置方式运动
	IndReset	取消独立轴模式
	IndInpos	检查独立轴是否已到达指定位置
	IndSpeed	检查独立轴是否已到达指定的速度
路径修正功能	CorrCon	连接一个路径修正生成器
	CorrWrite	将路径坐标系统中的修正值写到修正生成器中
	CorrDiscon	断开一个已连接的路径修正生成器
	CorrClear	取消所有已连接的路径修正生成器
	CorrRead	读取所有已连接的路径修正生成器的总修正值
路径记录功能	PathRecStart	开始记录机器人的路径
	PathRecStop	停止记录机器人的路径
	PathRecMoveBwd	机器人根据记录的路径作后退运动
	PathRecMoveFwd	机器人运动到执行 PathRecMoveBwd 指令的位置
	PathRecValidBwd	检查是否已激活路径记录和是否有可后退的路径
	PathRecValidFwd	检查是否有可向前的记录路径
输送链跟踪功能	WaitWObj	等待输送链上的工件坐标
	DropWobj	放弃输送链上的工件坐标

（续）

类　型	指　令	功　能
传感器同步功能	WaitSensor	将一个在开始窗口的对象与传感器设备关联起来
	SyncToSensor	开始或停止机器人与传感器设备的运动同步
	DropSensor	断开当前对象的连接
有效载荷与碰撞检测	MotionSup	激活或关闭运动监控
	LoadId	工具或有效载荷的识别
	ManLoadId	外轴有效载荷的识别
对输入/输出信号的值进行设定	InvertDO	对一个数字输出信号的值置反
	PulseDO	数字输出信号进行脉冲输出
	Reset	将数字输出信号置为0
	Set	将数字输出信号置为1
	SetAO	设定模拟输出信号的值
	SetDO	设定数字输出信号的值
	SetGO	设定组输出信号的值
读取输入/输出信号值	AOutput	读取模拟输出信号的当前值
	DOutput	读取数字输出信号的当前值
	GOutput	读取组输出信号的当前值
	TestDI	检查一个数字输入信号已置1
	ValidIO	检查I/O信号是否有效
	WaitDI	等待一个数字输入信号的指定状态
	WaitDO	等待一个数字输出信号的指定状态
	WaitGI	等待一个组输入信号的指定值
	WaitGO	等待一个组输出信号的指定值
	WaitAI	等待一个模拟输入信号的指定值
	WaitAO	等待一个模拟输出信号的指定值
I/O模块的控制	IODisable	关闭一个I/O模块
	IOEnable	开启一个I/O模块
示教器上人机界面的功能	TPErase	清屏
	TPWrite	在示教器操作界面上写信息
	ErrWrite	在示教器事件日志中写报警信息并储存
	TPRendFK	互动的功能键操作
	TPRendNum	互动的数字键盘操作
	TPShow	通过RAPID程序打开指定的窗口
通过串口进行读写	Open	打开串口
	Write	对串口进行写文本操作
	Close	关闭串口
	WriteBin	写一个二进制数的操作

（续）

类　型	指　令	功　能
通过串口进行读写	WriteAnyBin	写任意二进制数的操作
	WriteStrBin	写字符的操作
	Rewind	设定文件开始的位置
	ClearIOBuff	清空串口的输入缓冲
	ReadAnyBin	从串口读取任意的二进制数
	ReadNum	读取数字量
	ReadStr	读取字符串
	ReadBin	从二进制串口读取数据
	ReadStrBin	从二进制串口读取字符串
Sockets 通信	SocketCreate	创建新的 Socket
	SocketConnect	连接远程计算机
	SocketSend	发送数据到远程计算机
	SocketReceive	从远程计算机接收数据
	SocketClose	关闭 Socket
	SocketGetStatus	获取当前 Socket 状态
中断设定	CONNECT	连接一个中断符号到中断程序
	ISignalDI	使用一个数字输入信号触发中断
	ISignalDO	使用一个数字输出信号触发中断
	ISignalGI	使用一个组输入信号触发中断
	ISignalGO	使用一个组输出信号触发中断
	ISignalAI	使用一个模拟输入信号触发中断
	ISignalAO	使用一个模拟输出信号触发中断
	ITimer	计时中断
	TriggInt	在一个指定的位置触发中断
	IPers	使用一个可变量触发中断
	IError	当一个错误发生时触发中断
	IDelete	取消中断
中断的控制	ISleep	关闭一个中断
	IWatch	激活一个中断
	IDisable	关闭所有中断
	IEnable	激活所有中断
时间控制	ClkReset	计时器复位
	ClkStart	计时器开始计时
	ClkStop	计时器停止计时
	ClkRead	读取计时器数值
	CDate	读取当前日期

（续）

类　型	指　令	功　能
时间控制	CTime	读取当前时间
	GetTime	读取当前时间为数字型数据
简单运算	Clear	清空计时
	Add	加或减操作
	Incr	加 1 操作
	Decr	减 1 操作
算术功能	Abs	取绝对值
	Round	四舍五入
	Trunc	舍位操作
	Sqrt	计算二次根
	Exp	计算指数值 e^x
	Pow	计算指数值
	ACos	计算圆弧余弦值
	ASin	计算圆弧正弦值
	ATan	计算圆弧正切值 [-90，90]
	ATan2	计算圆弧正切值 [-180，180]
	Cos	计算余弦值
	Sin	计算正弦值
	Tan	计算正切值
	EulerZYX	从姿势计算欧拉角
	OrientZYX	从欧拉角计算姿态
关于位置的功能	Offs	对机器人位置进行偏移
	RelTool	对工具的位置和姿态进行偏移
	CalcRobT	从 jointtarget 计算出 robtarget
	CPos	读取机器人当前的 X、Y、Z
	CRobT	读取机器人当前的 robtarget
	CjointT	读取机器人当前的关节轴角度
	ReadMotor	读取轴电动机当前的角度
	CTool	读取工具坐标当前的数据
	CWObj	读取工件坐标当前的数据
	MirPos	镜像一个位置
	CalcJointT	从 robtarget 计算出 jointtarget
	Diatance	计算两个位置的距离
	PFRestart	当路径因电源关闭而中断的时候检查位置
	CSpeedOverride	读取当前使用的速度倍率

附录B KUKA常用指令表

类型	名称	功能
运动指令	PTP（点到点）	刀具在空间尽可能快地沿着曲线路径到终点
	LIN（线性）	刀具按照定义的速度沿着直线运动
	CIRC（圆弧）	刀具按照定义的速度沿着圆弧运动
	Spline	刀具按照定义的速度沿着曲线运动
逻辑指令	OUT	设置数字输出端
	PULSE	设置脉冲输出端
	ANOUT	设置模拟输出端
	WAIT	给等待时间编程
	WAITFOR	对与信号有关的等待功能进行编程
	SYN OUT	轨道上的切换
	SYN PULSE	轨道上的脉冲设定
	IBUS-Seg 开/关	耦合与退耦 INTERBUS 环节
应用指令	ARC ON	焊接的起弧命令
	ARC SWITCH	连续焊接过程中维持电弧命令
	ARC OFF	关闭电弧的命令

附录C OTC常用指令表

功能编号	指　令	功　能
FN0	ALLCLR	输出信号全部清除
FN20	JMP	步骤转移
FN21	CALL	步骤调用
FN22	RETURN	步骤返回
FN23	JMPI	附带条件步骤转移
FN24	CALLI	附带条件步骤调用
FN25	RETI	附带条件步骤返回
FN26	JMPN	附带次数条件步骤转移
FN27	CALLN	附带次数条件步骤调用
FN28	RETN	附带次数条件步骤返回
FN32	SET	输出信号 ON
FN34	RESET	输出信号 OFF
FN35	SETMD	附带脉冲和延迟输出信号
FN41	STOP	机器人停止
FN42	STOPI	附带条件机器人停止

（续）

功能编号	指　令	功　能
FN43	OUTDIS	输出信号分离输出
FN44	OUT	输出信号二进制输出
FN50	DELAY	计时器
FN55	CNVSYNC	传动带计数器复位
FN67	STOOL	固定工具号码选择
FN71	LETX	姿势 X
FN72	LETY	姿势 Y
FN73	LETZ	姿势 Z
FN74	POSESAVE	储存姿势文件
FN75	LETVI	代入整数变数
FN76	LETVF	代入实数变数
FN77	LETVS	代入字符串实数
FN80	CALLP	程序调用
FN81	CALLPI	附带条件程序调用
FN82	CALLPN	附带次数条件程序调用
FN83	JMPP	程序转移
FN84	JMPPI	附带条件程序转移
FN85	JMPPN	附带次数条件程序转移
FN86	FCASEN	附带次数条件机身转移
FN87	FCASEI	附带条件机身转移
FN88	FCASEEND	机身转移终端
FN90	GOTO	行跳跃
FN91	GOSUB	行调用
FN92	END	终端
FN94	GETPELR	代入实数变数（欧拉角坐标值）
FN95	CHGGUN	机构连接
FN98	USE	姿势文件选择
FN99	REM	说明
FN100	SETO	连续地输出信号 ON/OFF
FN101	PRINT	字符串输出
FN102	CALLPR	相对程序调用
FN103	CALLPRI	相关程序调用（I-条件）
FN104	CALLPRN	附带次数条件相对程序调用
FN105	SETM	输出信号
FN111	RSCLR	RS232C 缓冲清除
FN142	GETP	代入实数变数（坐标值）

（续）

功能编号	指　　令	功　　能
FN143	GETPOSE	设定实变量（姿势）
FN144	LETPOSE	设定姿势变量
FN157	GETANGLE	代入实数变数（各轴角度）
FN158	GETFIGURE	设置实变量（图）
FN160	POSAUTO	姿势控制无效
FN161	LEFTY	左臂系统
FN162	RIGHTY	右臂系统
FN163	ABOVE	肘上侧系统
FN164	BELOW	肘下侧系统
FN165	FLIP	腕触发系统
FN166	MONFLIP	腕非触发系统
FN169	SPDDOWNA	模拟输入速度超驰
FN171	NRLCRD	机器人语言坐标系选择
FN202	FRANGE	凸缘轴基准角度
FN230	COLSEL	设定干扰检测水平
FN238	CHGXXGUN	变化机构 2
FN252	PAUSEINPUT	输入暂停指令
FN264	MULTIM	复数输出信号
FN271	INPUT	字符串输入
FN275	LOCCVT3	基角移动
FN276	GETCNVYREG	传送带寄存器
FN277	SPDDOWND	数字输入速度超驰
FN278	DOUT	数字输出
FN280	DPRESETM	距离指定输出信号
FN288	WRIISTLIM	手腕姿势限制切换
FN295	DYNCALIBROB	机器人校准
FN296	DYNMESPOS	测量点
FN297	DYNEVENT	一般事件
FN301	CHGMEC	机构连接
FN302	CHGXXMEC	机构转换
FN307	PRSS	压弯机退避
FN308	PRSD	读取压力数据
FN310	INH	禁止
FN312	FBUSREL	区域总线解除
FN400	JMPPBCD	程序跳跃（至外部 BCD 程序）
FN401	JMPPBIN	程序跳跃（至外部 BIN 程序）

（续）

功能编号	指　令	功　能
FN402	CALLPBCD	程序召回（外部 BCD 程序）
FN403	CALLPBIN	程序召回（外部 BIN 程序）
FN407	RELMOV	外部轴线移动
FN410	ICH	点动
FN411	RTC	退回
FN412	GS	气体 ON
FN413	GE	气体 OFF
FN414	AS	焊接开始
FN415	AE	焊接结束
FN438	SPN	伺服开
FN439	SPF	伺服关
FN440	WFP	固定型横摆运条
FN441	WAX	关节横摆运条
FN443	WE	横摆运条结束
FN445	PGAS	先导气流
FN467	USRERR	用户错误
FN470	SF0	焊丝延长
FN471	SF1	单向搜索（单触）
FN472	SF2	模式搜索（单触）
FN473	SF3	偏离召回
FN474	SF4	偏离矢量组成
FN475	SF5	跟踪偏离存储
FN478	SF8	DEV 文件的生成
FN479	SF9	GAP 文件的生成
FN480	ZF1	单向搜索（激光）
FN481	ZF2	模式搜索（激光搜索）
FN483	ZG1	高速坡口搜索
FN484	DE	端口检测（电弧传感器）
FN485	ST	开始跟踪
FN486	ET	终止跟踪
FN525	WAITI	输入信号等待（正逻辑）
FN526	WAITJ	输入信号等待（负逻辑）
FN528	FETCH	读取输入条件
FN550	CNVI	传送带联锁
FN552	WAIT	附带定时输入信号等待
FN553	WAITA	附带定时组信号等待（AND）

（续）

功能编号	指　令	功　能
FN554	WAITO	附带定时组信号等待（OR）
FN555	WAITE	附带定时组信号等待
FN557	WAITL	带定时组的等待输入信号条件 2
FN558	WAITAD	附带定时组信号等待 BCD（AND）
FN559	WAITOD	附带定时组信号等待 BCD（OR）
FN560	WAITED	附带定时组信号 BCD 等待
FN562	CNVSYNCI	传送带联锁（同步）
FN564	PRSI	压力联锁
FN590	LCALLP	调用带参数的程序
FN591	LCALLPI	调用带参数（I）的程序
FN592	LCALLPN	调用带参数（频率）的程序
FN593	LCALLMCR	调用带参数的 UT 程序
FN600	NOP	NOP
FN601	*	标签
FN602	IF	条件
FN603	GOTO	转移
FN604	FOR	循环开始
FN605	NEXT	循环结束
FN606	PRINT	字符串描绘
FN626	MODUSRCOORD	用户坐标系统修正
FN628	LETLI	设定局部整数变量
FN629	LETLF	设定局部实数变量
FN630	LETCOORDP	代入姿势变量
FN632	LETPE	代入姿势元素
FN633	LETRE	代入移动元素
FN634	LET	代入变量
FN635	ADDP	加姿势变量
FN637	ADDVI	加整数变量
FN638	ADDVF	加实数变量
FN639	SUBVI	减整数变量
FN640	SUBVF	减实数变量
FN641	MULVI	乘整数变量
FN642	MULVF	乘实数变量
FN643	DIVVI	除整数变量
FN644	DIVVF	除实数变量
FN645	MOVEX	记录 MOVEX

（续）

功能编号	指　　令	功　　能
FN648	ASIN	允许 ASIN 功能
FN649	ACOS	允许 ACOS 功能
FN650	TIMER	代入时间函数 TIMER
FN651	SQR	代入二次根函数 SQR
FN652	SIN	代入正弦函数 SIN
FN653	COS	代入余弦函数 COS
FN654	TAN	代入正切函数 TAN
FN655	ATN	代入反正切函数 ATN
FN656	ATN2	代入 4 个象限内的反正切值函数 ATN2
FN657	ABS	代入绝对值函数 ABS
FN658	MIN	代入最小值函数 MIN
FN659	MAX	代入最大值函数 MAX
FN663	WHILE	循环时
FN664	ENDW	循环结束时
FN665	ASV	焊接开始（可变量）
FN666	AEV	焊接结束（可变量）
FN667	WFPV	设置摆动模式（可变量）
FN668	WAXV	轴向摆动（可变量）
FN669	PRINTF	打印带格式的字符串
FN670	FORKMCR	用户任务程序启动
FN671	CALLMCR	用户任务程序调用
FN672	FORKMCRTM	时间指定用户任务程序启动
FN673	FORKMCRDST	距离指定用户任务程序启动
FN676	IF	条件语句
FN677	ELSEIF	条件语句
FN678	ELSE	条件语句
FN679	ENDIF	条件结束
FN680	JMPPV	程序跳转（可变量）
FN681	JMPPIV	程序跳转（I-状态…）（可变量）
FN682	JMPPNV	程序跳转（频率）（可变量）
FN686	SWITCH	转换
FN687	CASE	条件
FN688	BREAK	间断
FN689	ENDS	SWITCH 终端

（续）

功能编号	指 令	功 能
FN690	CALLPV	程序调用（可变量）
FN691	CALLPIV	程序调用（I-状态…）（可变量）
FN692	CALLPNV	程序调用（频率…）（可变量）
FN697	INCLUDE	转换表读取
FN698	INCLUDEIO	转换表读取（I/O 名称）
FN725	AIMBASEPL	瞄准角基准平面选择
FN726	AIMREFPT	瞄准角基准平面定义用参照点
FN801	DIM	任何变量
FN802	UsrProc	用户程序
FN803	ExitProc	退出用户程序
FN804	EndProc	结束用户程序
FN805	RetProc	返回用户程序
FN806	CallProc	调用用户程序
FN809	POS2POSE	设置姿势变量（位置）
FN810	ANG2POSE	设置姿势变量（角度）
FN811	ENC2POSE	设置姿势变量（编码器）
FN812	POSE2POS	设置位置变量（姿势）
FN813	ANG2POS	设置位置变量（角度）
FN814	ENC2POS	设置位置变量（编码器）
FN815	POSE2ANG	设置角度变量（姿势）
FN816	POS2ANG	设置角度变量（位置）
FN817	ENC2ANG	设置角度变量（编码器）
FN818	POSE2ENC	设置编码器变量（姿势）
FN819	POS2ENC	设置编码器变量（位置）
FN820	ANG2ENC	设置编码器变量（角度）
FN821	CVTCOORDPOS	坐标变换（位置）
FN822	GETPOS	设置位置变量（位置数据）
FN823	GETANG	设置角度变量（位置数据）
FN824	GETENC	设置编码器变量（位置数据）
FN825	OPEPOSE	提取姿势变量
FN826	OPEPOS	位置型提取
FN827	OPEANG	提取角度变量
FN828	OPEENC	提取编码器变量

附录D　MOTOMAN常用指令表

类型	名称	功　能
输入输出命令	DOUT	使通用输出信号开/关
	DIN	把信号的状态读入字节型变量
	WAIT	待机，直到外部信号或字节型变量的状态与指定的状态一致才结束等待
	PULSE	给通用输出口输出指定时间的脉冲信号
	AOUT	向通用模拟输出口输出设定电压值
	ARATION	与速度相适应的模拟输出开始
	ARATIOF	与速度相适应的模拟输出结束
控制命令	JUMP	跳至指定的标记或程序
	CALL	调出指定程序
	*（标记）	表示跳转目的地
	'（注释）	指定注释
	PAUSE	暂停执行程序
	RET	被调用程序返回调用源程序
	END	宣布程序结束
	NOP	无任何运行
	TIMER	在指定时间内停止动作
	IF条件	判断各种条件。附加在进行处理的其他命令之后使用 格式：<比较要素1>=，<>，<=，>=，<，><比较要素2>
	UNTIL条件	在动作中判断输入条件。附加在进行处理的其他命令之后使用
	CWAIT	等待下一行命令的执行 等待带有NWAIT附加项的移动命令执行完毕后，执行下一条命令
	ADVINIT	初始化预读命令处理 用于调整访问变量数据的时间
	ADVSTOP	停止预读命令处理 用于调整访问变量数据的时间
运动命令	MOVJ	以关节插补方式移动到示教位置
	MOVL	用直线插补方式移动到示教位置
	MOVC	用圆弧插补方式移动到示教位置
	MOVS	用自由曲线插补方式移动到示教位置
	IMOV	从当前位置起以直线插补方式移动所设定的增加部分
	REFP	设定摆动臂点等参考点
	SPEED	设定再现速度
平移命令	SFTON	开始平移动作
	SFTOF	停止平移动作

（续）

类型	名称	功　能
平移命令	MSHIFT	在指定的坐标系中，用数据 2 和数据 3 算出平移量，保存在数据 1 中 格式：MSHIFT <数据 1> <坐标> <数据 2> <数据 3>
演算命令	ADD	把数据 1 与数据 2 相加，结果存入数据 1 格式：ADD <数据 1> <数据 2>
	SUB	数据 1 减去数据 2，结果存入数据 1 格式：SUB <Data1> <Data2>
	MUL	把数据 1 与数据 2 相乘，结果存入数据 1 格式：MUL <数据 1> <数据 2> 数据 1 可以是位置变量的一个元素 Pxxx（0）：全轴数据 Pxxx（1）：X 轴数据 Pxxx（2）：Y 轴数据 Pxxx（3）：Z 轴数据 Pxxx（4）：Tx 轴数据 Pxxx（5）：Ty 轴数据 Pxxx（6）：Tz 轴数据
	DIV	把数据 1 用数据 2 去除，结果存入数据 1 格式：DIV <数据 1> <数据 2> 数据 1 可以是位置变量的一个元素 Pxxx（0）：全轴数据 Pxxx（1）：X 轴数据 Pxxx（2）：Y 轴数据 Pxxx（3）：Z 轴数据 Pxxx（4）：Tx 轴数据 Pxxx（5）：Ty 轴数据 Pxxx（6）：Tz 轴数据
	INC	在指定的变量值上加 1
	DEC	从指定的变量值上减 1
	AND	取得数据 1 和数据 2 的逻辑与，结果存入数据 1 中 格式：AND <数据 1> <数据 2>
	OR	取得数据 1 和数据 2 的逻辑或，结果存入数据 1 中 格式：OR <数据 1> <数据 2>
	NOT	取得数据 1 和数据 2 的逻辑非，结果存入数据 1 中 格式：NOT <数据 1> <数据 2>
	XOR	取得数据 1 和数据 2 的逻辑异或，结果存入数据 1 中 格式：XOR <数据 1> <数据 2>
	SET	在数据 1 中设定数据 2 格式：SET <数据 1> <数据 2>
	SETE	给位置变量中的元素设定数据

（续）

类型	名称	功能
演算命令	GETE	取出位置变量的元素
	GETS	给所指定的变量设定系统变量
	CNVRT	把数据 2 的位置型变量，转换为所指定坐标系的位置型变量，存入数据 1 格式：CNVRT < 数据 1 > < 数据 2 > < 坐标 >
	CLEAR	将数据 1 指定的号码后面的变量清除为 0，清除变量个数由数据 2 指定 格式：CLEAR < 数据 1 > < 数据 2 >
	SIN	取数据 2 的正弦值，存入数据 1 格式：SIN < 数据 1 > < 数据 2 >
	COS	取数据 2 的余弦值，存入数据 1 格式：COS < 数据 1 > < 数据 2 >
	ATAN	取数据 2 的正切值，存入数据 1 格式：ATAN < 数据 1 > < 数据 2 >
	SQRT	取数据 2 的平方根，存入数据 1 格式：SQRT < 数据 1 > < 数据 2 >
	MFRAME	给出三个点的位置数据，作为定义点，创建一个用户坐标。< 数据 1 > 定义坐标原点（ORG）的位置数据，< 数据 2 > 定义 X 轴上的一点（XX）的位置数据，< 数据 3 > 定义 XY 平面上的一点（XY）的位置数据 格式：MFRAME < 指定用户坐标 > < 数据 1 > < 数据 2 > < 数据 3 >
	MULMAT	取得数据 2 和数据 3 的矩阵积，结果存入数据 1 格式：MULMAT < 数据 1 > < 数据 2 > < 数据 3 >
	INVMAT	取得数据 2 的逆矩阵，结果存入数据 1 格式：INVMAT < 数据 1 > < 数据 2 >
	SETFILE	任意条件文件的内容数据，变更为数据 1 的数值数据 变更条件文件的内容数据，通过元素号指定
	GETFILE	任意条件文件的内容数据，存入数据 1 所得条件文件的内容数据，通过元素号指定
	GETPOS	把数据 2（程序点序号）的位置数据存入数据 1
	VAL	把数据 2 中由字符串表示的数值（ASCII）变换成实际的数值，存入数据 1 格式：VAL < 数据 1 > < 数据 2 >
	ASC	取出数据 2 的字符串（ASCII）中第一个字符的字符码，结果存入数据 1 格式：ASC < 数据 1 > < 数据 2 >
	CHR $	取得数据 2 的字符码的字符（ASCII），结果存入数据 1 格式：CHR $ < 数据 1 > < 数据 2 >
	MID $	从数据 2 的字符串（ASCII）中，取出任意长度（数据 3，4）的字符串（ASCII），结果存入数据 1 格式：MID $ < 数据 1 > < 数据 2 > < 数据 3 > < 数据 4 >
	LEN	取得数据 2 的字符串的合计字节数，把结果存入数据 1 格式：LEN < 数据 1 > < 数据 2 >
	CAT $	把数据 2 和数据 3 的字符串（ASCII）合并，存入数据 1 格式：CAT $ < 数据 1 > < 数据 2 > < 数据 3 >

附录 E　ABB 自动装配系统案例程序

主站：

```
       M8000
0     ├─┤├─────────────────────────────────────────────────────────( M8070 )

       M8000                                                          K2000
3     ├─┤├─────────────────────────────────────────────────────────( C235 )
       │                                                             K2000
       ├──────────────────────────────────────────────────────────( C236 )
       │                                                             K2000
       └──────────────────────────────────────────────────────────( C237 )

       M8002
19    ├─┤├────────────────────────────────────────────────[ SET    S0 ]
       │
       M904
      ├─┤↓├
       │
       X006
      ├─┤↑├

       M8002
26    ├─┤├────────────────────────────────────────[ MOV    K300    D0 ]

       X006
32    ├─┤/├───────────────────────────────────────[ ZRST   S0     S100 ]
       │
       M904
      ├─┤↑├

       X006
40    ├─┤├─────────────────────────────────────────────────────────( M800 )

       X007
42    ├─┤/├───────────────────────────────────────────────[ RST    D20 ]

       X024                                                          K12
47    ├─┤├─────────────────────────────────────────────────────────( T24 )

       X013    X016    X026    X025    M902
51    ├─┤├─────┤/├─────┤├──────┤├──────┤├──────────────────────────( M8044 )

       X003
58    ├─┤├──────────────────────────────────────────────────[ SET    M1 ]

       M1                                                            K2
60    ├─┤├─────────────────────────────────────────────────────────( T3 )
       │       T3
       │      ├─┤├───────────────────────────────────────[ RST    M1 ]

       M1      M900    M8044
66    ├─┤├─────┤├──────┤├─────────────────────────────────────────( M803 )

       X004    M0      M1
70    ├─┤├─────┤/├─────┤/├───────────────────────────────────────( M2 )
       │
       M2
      ├─┤├

       M2      M4      M900
75    ├─┤├─────┤├──────┤├──────────────────────────────────────────( M0 )
       │                │
       │                └───────────────────────────────────────( M804 )
```

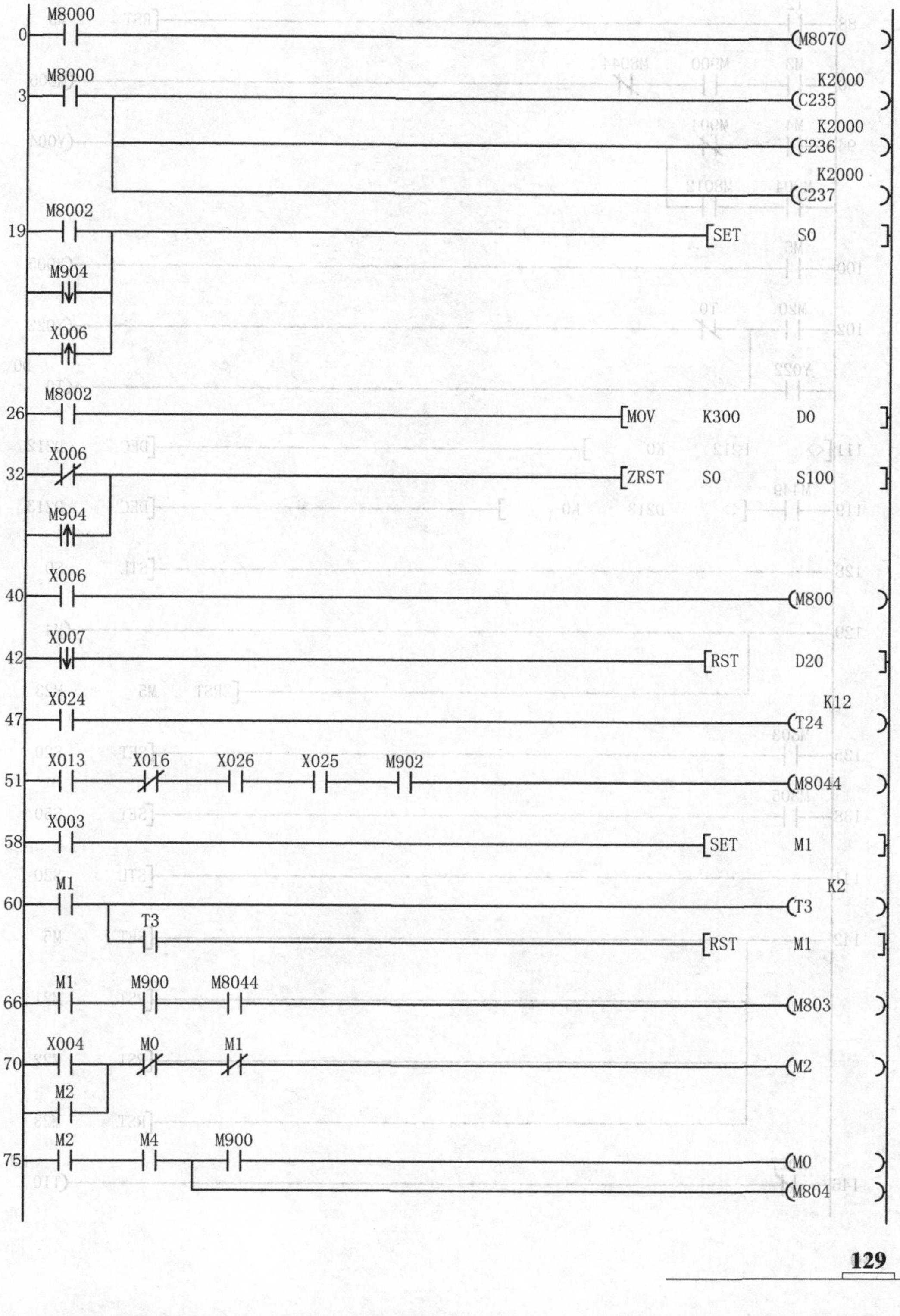

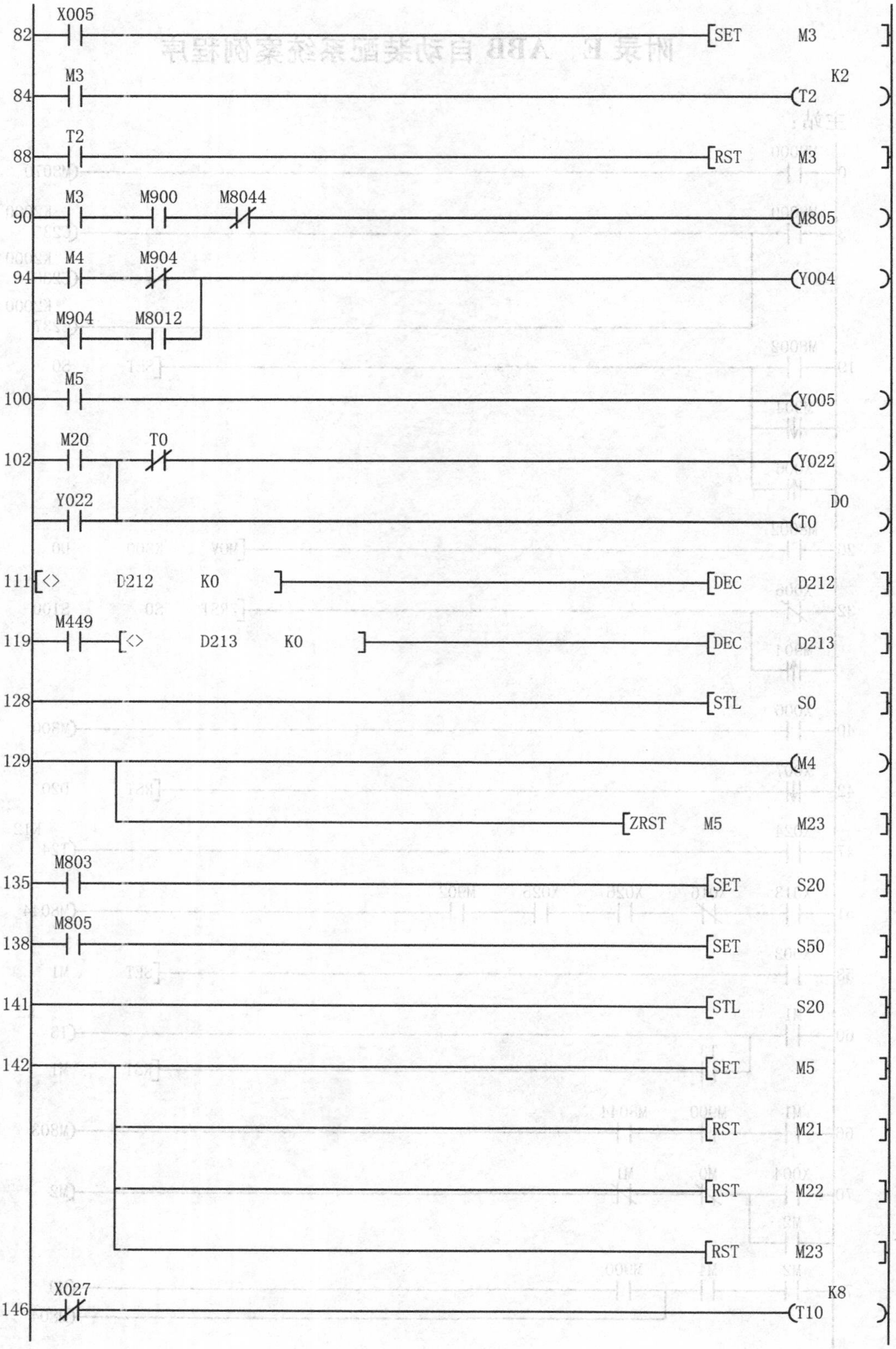
82 X005 SET M3
84 M3 T2 K2
88 T2 RST M3
90 M3 M900 M8044 M805
94 M4 M904 Y004
M904 M8012
100 M5 Y005
102 M20 T0 Y022
Y022 T0 D0
111 <> D212 K0 DEC D212
119 M449 <> D213 K0 DEC D213
128 STL S0
129 M4
ZRST M5 M23
135 M803 SET S20
138 M805 SET S50
141 STL S20
142 SET M5
RST M21
RST M22
RST M23
146 X027 T10 K8

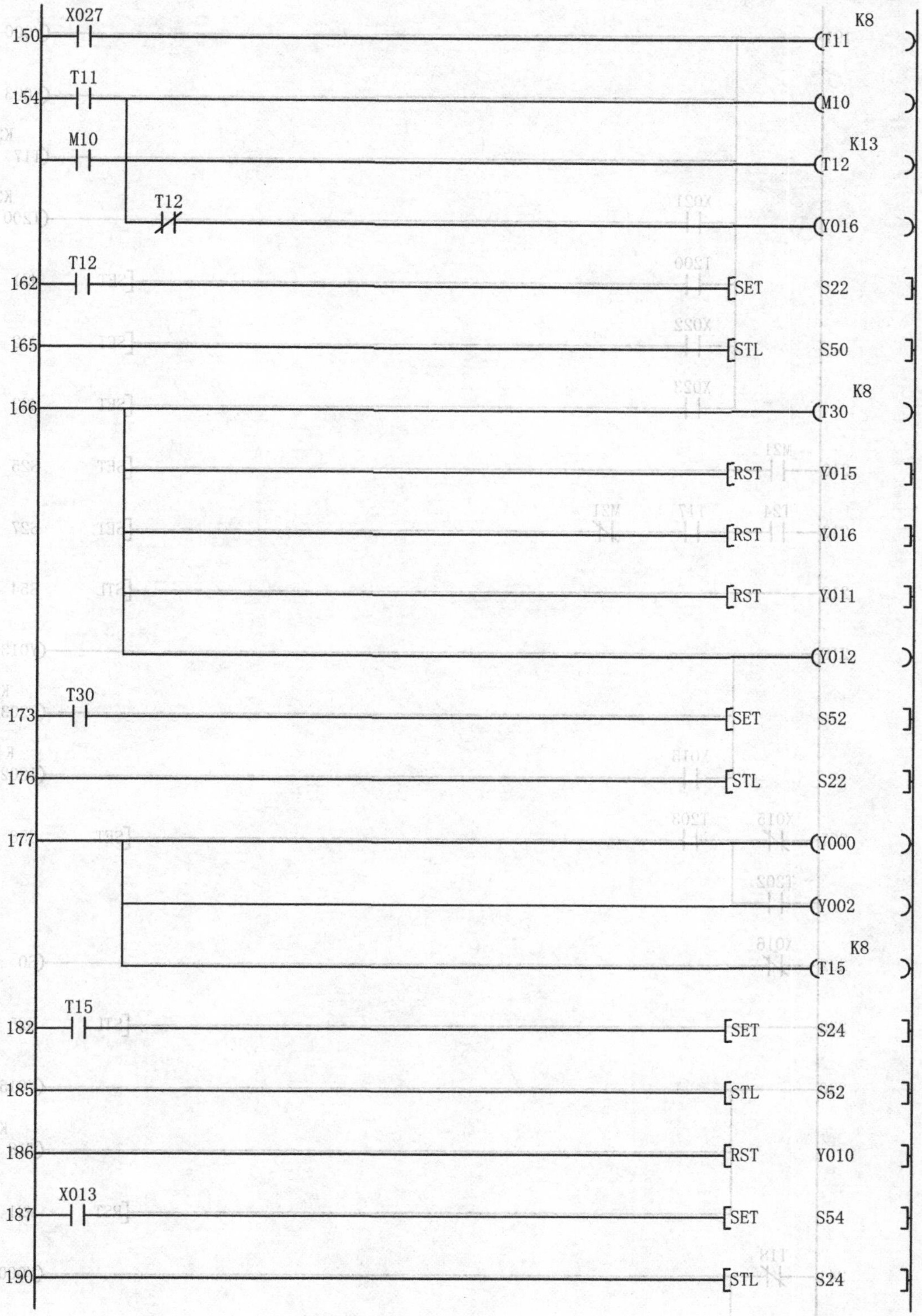
150 X027 T11 K8
154 T11 M10
M10 T12 K13
T12 Y016
162 T12 SET S22
165 STL S50
166 T30 K8
RST Y015
RST Y016
RST Y011
Y012
173 T30 SET S52
176 STL S22
177 Y000
Y002
T15 K8
182 T15 SET S24
185 STL S52
186 RST Y010
187 X013 SET S54
190 STL S24

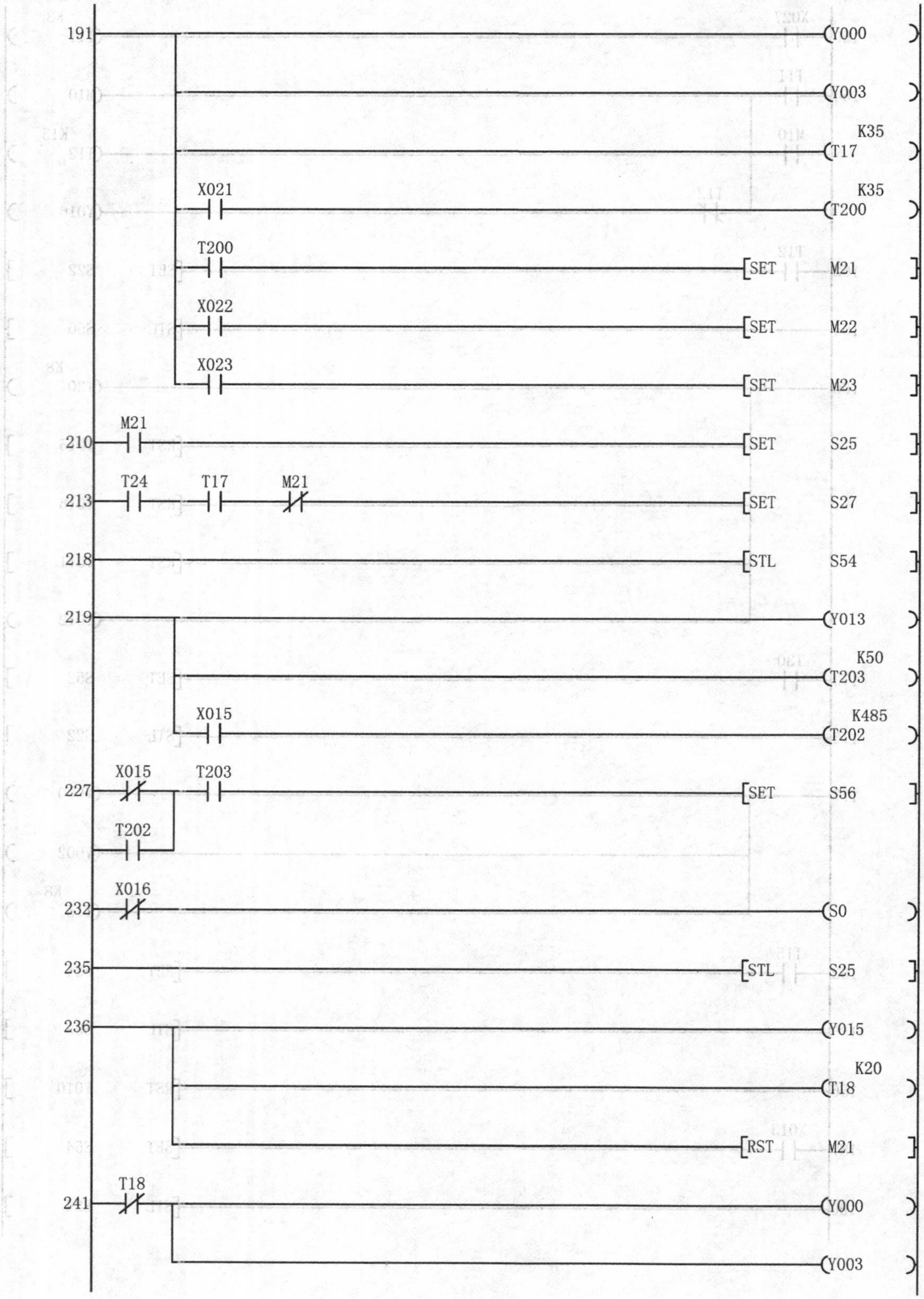
191
Y000
Y003
K35
T17
X021
K35
T200
T200
SET M21
X022
SET M22
X023
SET M23
210
M21
SET S25
213
T24
T17
M21
SET S27
218
STL S54
219
Y013
K50
T203
X015
K485
T202
227
X015
T203
SET S56
T202
232
X016
S0
235
STL S25
236
Y015
K20
T18
RST M21
241
T18
Y000
Y003

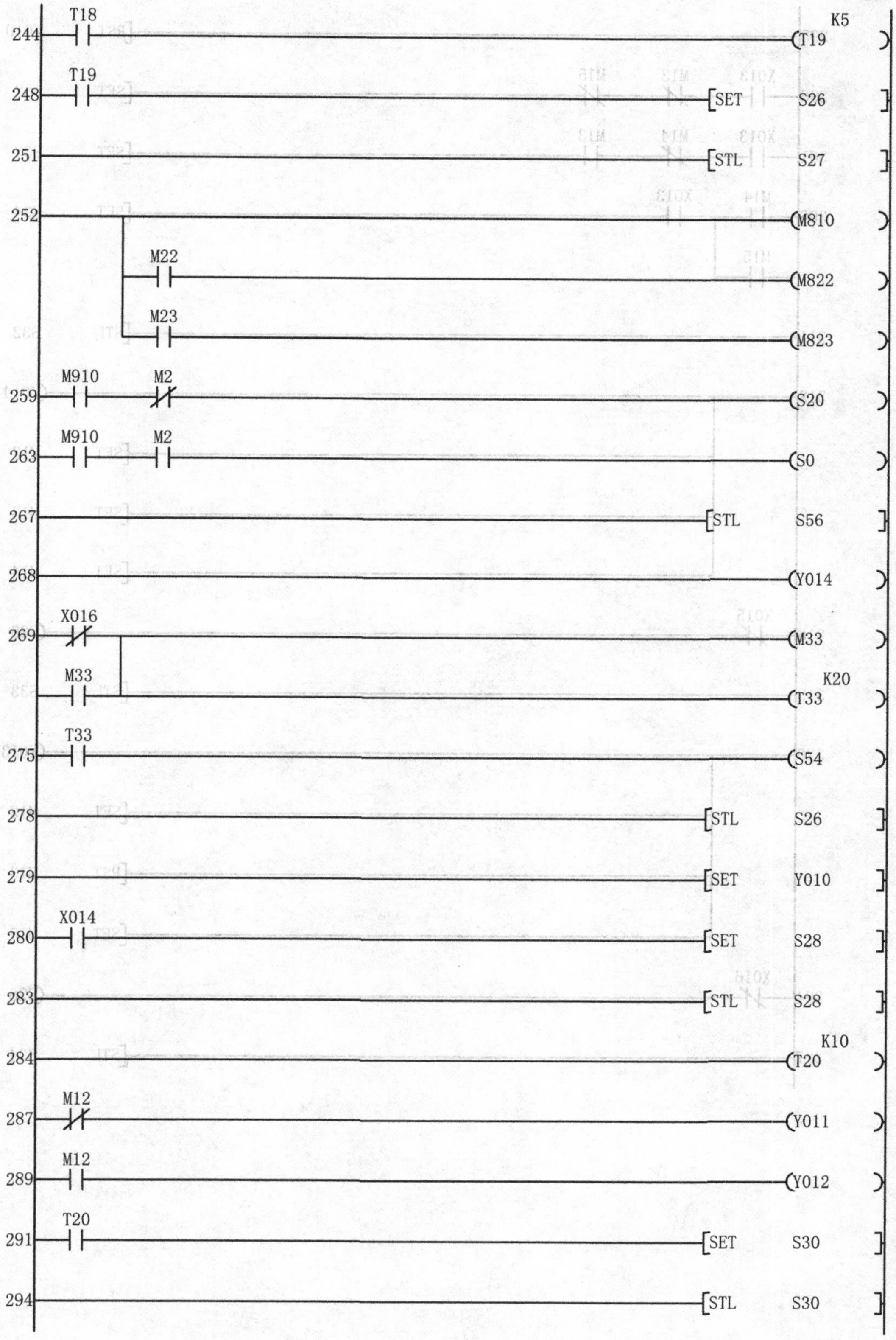
244 T18 T19 K5
248 T19 SET S26
251 STL S27
252 M810
M22 M822
M23 M823
259 M910 M2 S20
263 M910 M2 S0
267 STL S56
268 Y014
269 X016 M33
M33 T33 K20
275 T33 S54
278 STL S26
279 SET Y010
280 X014 SET S28
283 STL S28
284 T20 K10
287 M12 Y011
289 M12 Y012
291 T20 SET S30
294 STL S30

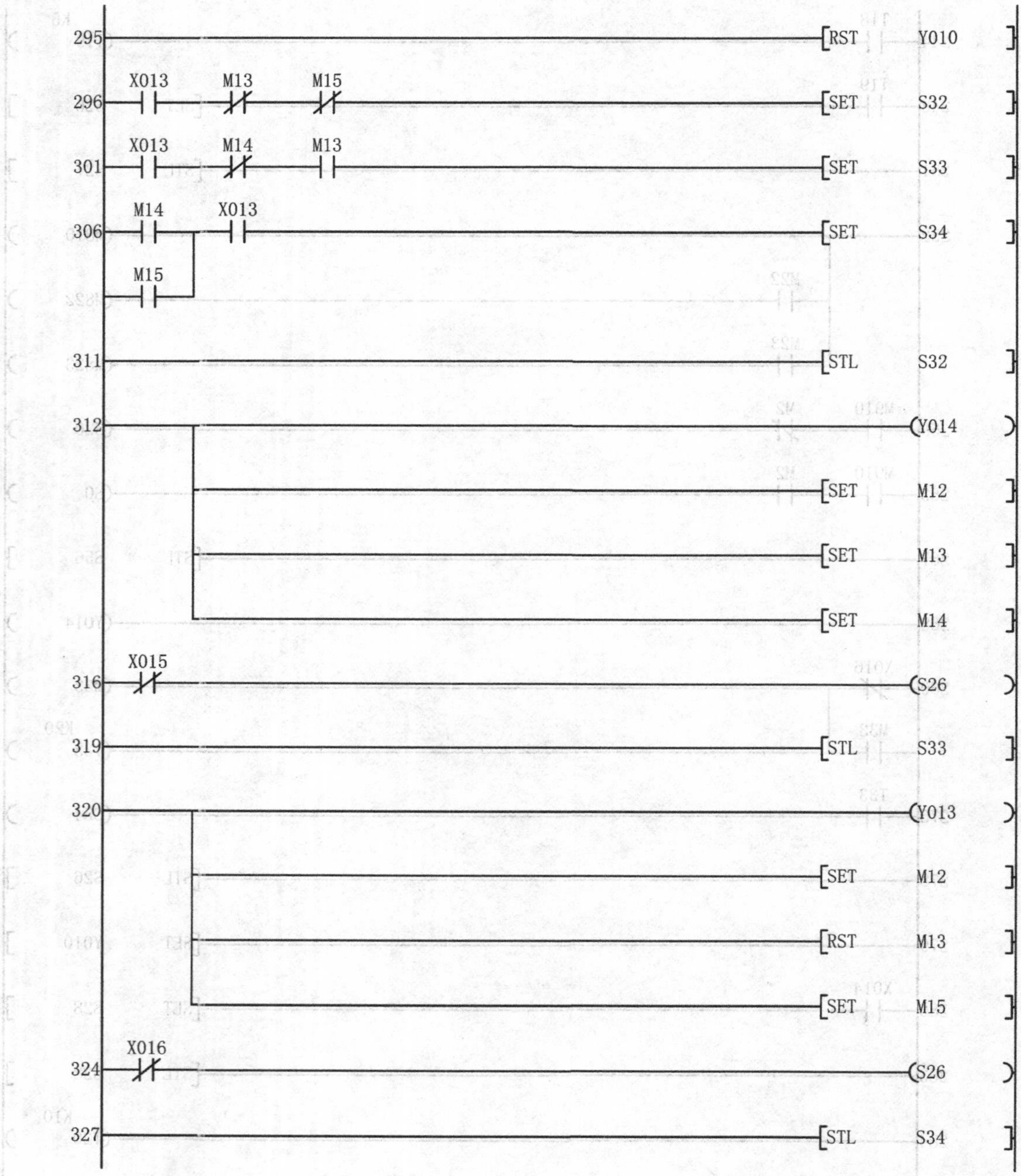

295 [RST Y010]
296 X013 M13 M15 [SET S32]
301 X013 M14 M13 [SET S33]
306 M14 X013 [SET S34]
M15
311 [STL S32]
312 (Y014)
[SET M12]
[SET M13]
[SET M14]
316 X015 (S26)
319 [STL S33]
320 (Y013)
[SET M12]
[RST M13]
[SET M15]
324 X016 (S26)
327 [STL S34]

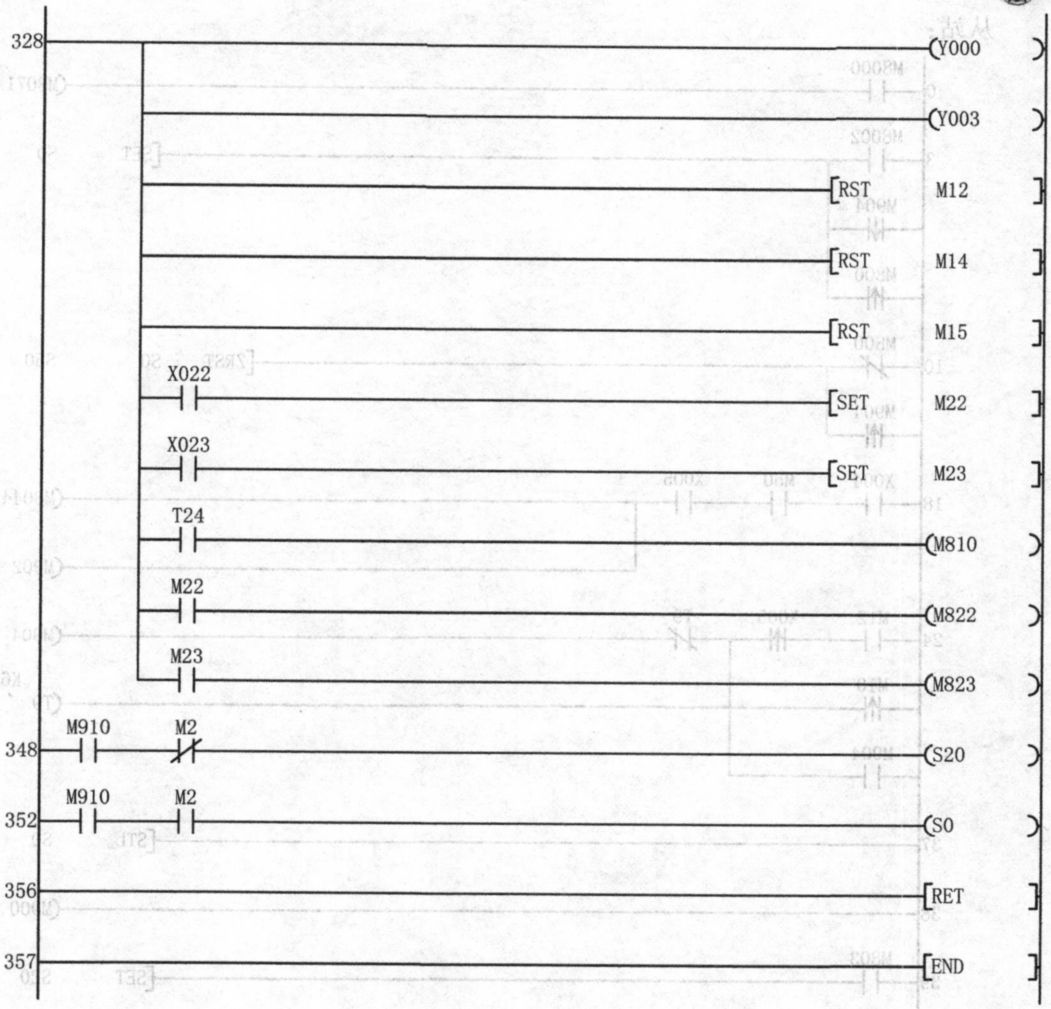
328
Y000
Y003
RST M12
RST M14
RST M15
X022
SET M22
X023
SET M23
T24
M810
M22
M822
M23
M823
348
M910
M2
S20
352
M910
M2
S0
356
RET
357
END

从站：

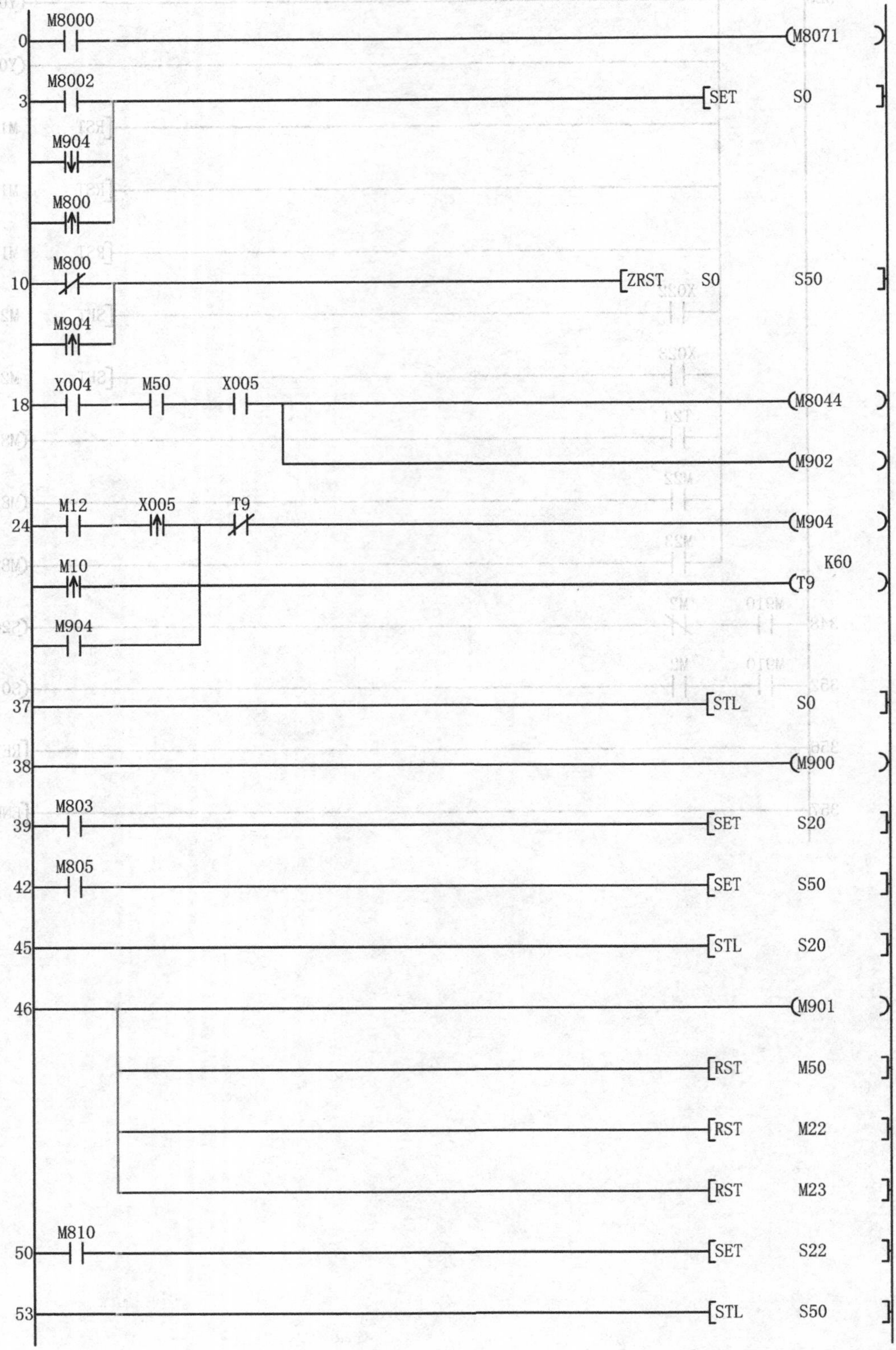
M8000
0
M8071
M8002
3
SET S0
M904
M800
10
ZRST S0 S50
M800
M904
X004 M50 X005
18
M8044
M902
M12 X005 T9
24
M904
M10
K60
T9
M904
37
STL S0
38
M900
M803
39
SET S20
M805
42
SET S50
45
STL S20
46
M901
RST M50
RST M22
RST M23
M810
50
SET S22
53
STL S50

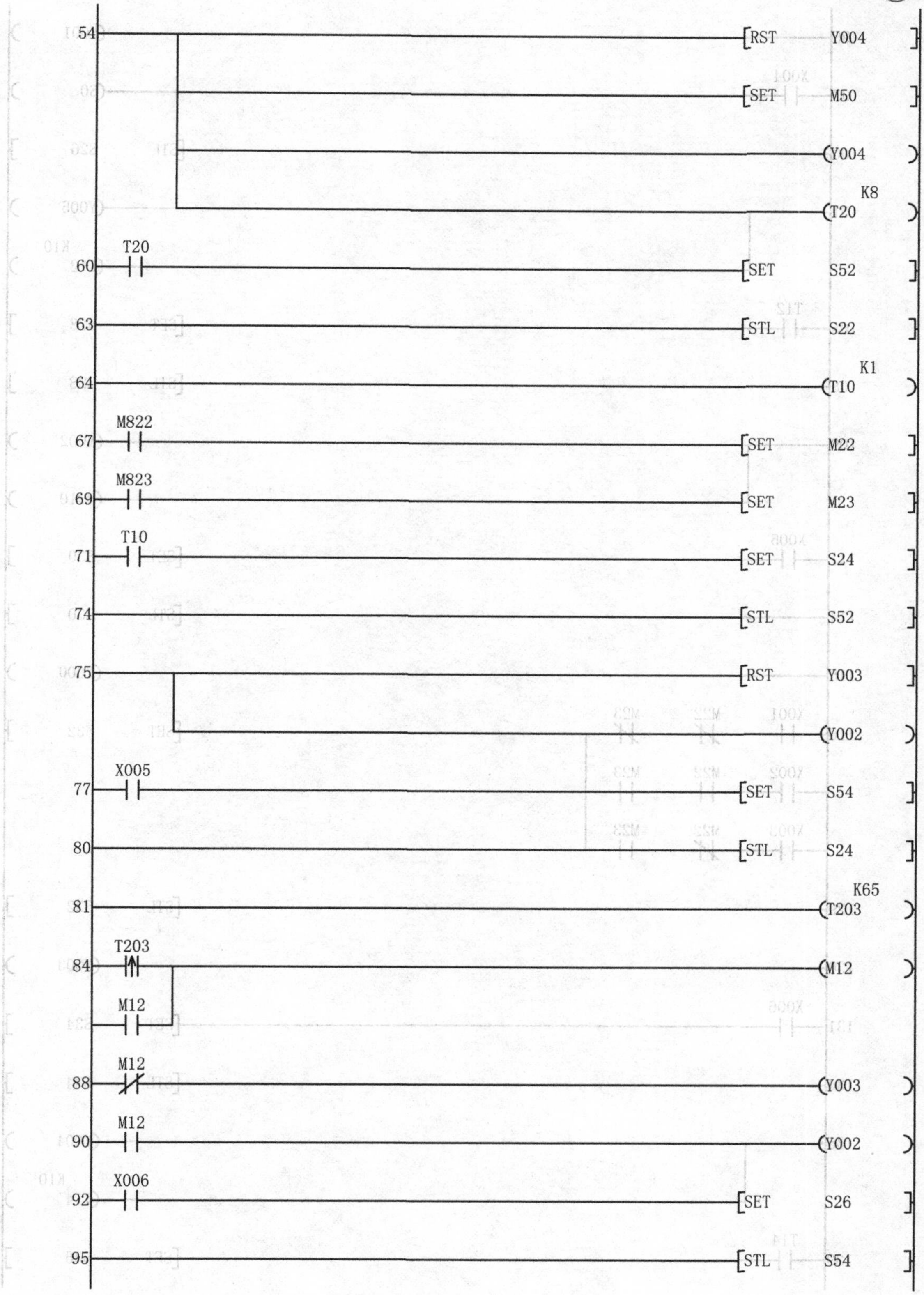
54 RST Y004
SET M50
Y004
K8 T20
60 T20 SET S52
63 STL S22
64 K1 T10
67 M822 SET M22
69 M823 SET M23
71 T10 SET S24
74 STL S52
75 RST Y003
Y002
77 X005 SET S54
80 STL S24
81 K65 T203
84 T203 M12
M12
88 M12 Y003
90 M12 Y002
92 X006 SET S26
95 STL S54

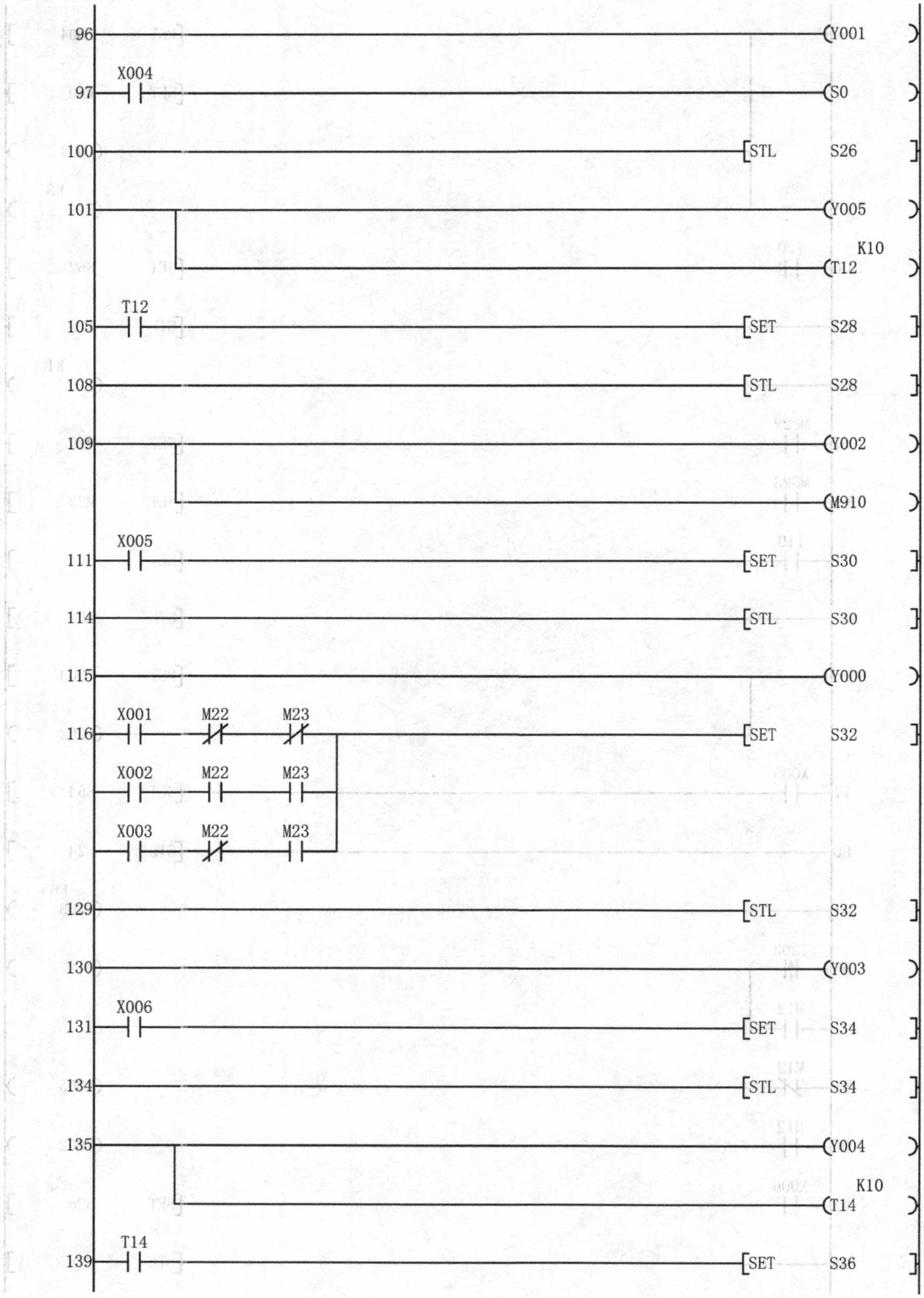
96 (Y001)
97 X004 (S0)
100 [STL S26]
101 (Y005)
K10 (T12)
105 T12 [SET S28]
108 [STL S28]
109 (Y002)
(M910)
111 X005 [SET S30]
114 [STL S30]
115 (Y000)
116 X001 M22 M23 [SET S32]
X002 M22 M23
X003 M22 M23
129 [STL S32]
130 (Y003)
131 X006 [SET S34]
134 [STL S34]
135 (Y004)
K10 (T14)
139 T14 [SET S36]

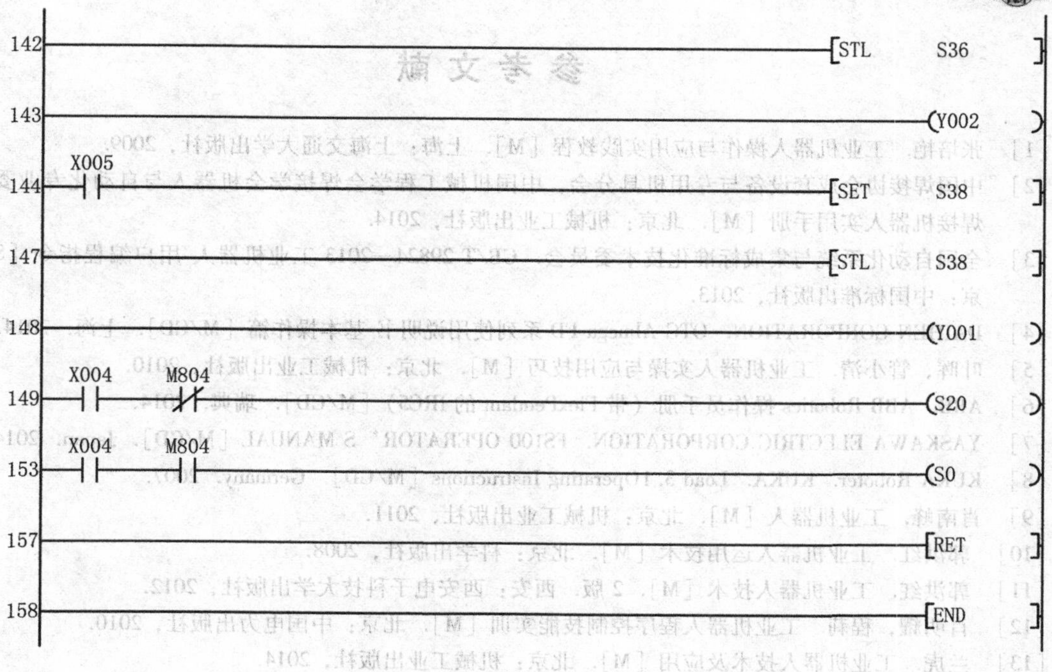
142
STL
S36
143
Y002
X005
144
SET
S38
147
STL
S38
148
Y001
X004
M804
149
S20
X004
M804
153
S0
157
RET
158
END

参 考 文 献

[1] 张培艳．工业机器人操作与应用实践教程［M］．上海：上海交通大学出版社，2009.
[2] 中国焊接协会成套设备与专用机具分会，中国机械工程学会焊接学会机器人与自动化专业委员会．焊接机器人实用手册［M］．北京：机械工业出版社，2014.
[3] 全国自动化系统与集成标准化技术委员会．GB/T 29824—2013 工业机器人 用户编程指令［S］．北京：中国标准出版社，2013.
[4] DAIHEN CORPORATION．OTC Almega FD 系列使用说明书-基本操作篇［M/CD］．上海．2014.
[5] 叶晖，管小清．工业机器人实操与应用技巧［M］．北京：机械工业出版社，2010.
[6] ABB．ABB Robotics 操作员手册（带 FlexPendant 的 IRC5）［M/CD］．瑞典．2014.
[7] YASKAWA ELECTRIC CORPORATION．FS100 OPERATOR'S MANUAL［M/CD］．Japan．2014.
[8] KUKA Roboter．KUKA．Load 3.1Operating Instructions［M/CD］．Germany．2007.
[9] 肖南峰．工业机器人［M］．北京：机械工业出版社，2011.
[10] 郭洪红．工业机器人运用技术［M］．北京：科学出版社，2008.
[11] 郭洪红．工业机器人技术［M］．2 版．西安：西安电子科技大学出版社，2012.
[12] 肖明耀，程莉．工业机器人程序控制技能实训［M］．北京：中国电力出版社，2010.
[13] 兰虎．工业机器人技术及应用［M］．北京：机械工业出版社，2014.
[14] 卢本，卢立楷．汽车机器人焊接工程［M］．北京：机械工业出版社，2006.
[15] 李荣雪．弧焊机器人操作与编程［M］．北京：机械工业出版社，2011.
[16] 林尚扬．焊接机器人及其应用［M］．北京：机械工业出版社，2000.
[17] 杜祥瑛．工业机器人及其应用［M］．北京：机械工业出版社，1986.
[18] 余达太．工业机器人应用工程［M］．北京：冶金工业出版社，1999.
[19] John J Craig．机器人学导论［M］．3 版．负超，等译．北京：机械工业出版社，2006.
[20] 徐德．机器人视觉测量与控制．［M］．2 版．北京：国防工业出版社，2011.
[21] 戴庆辉．先进制造系统［M］．北京：机械工业出版社，2008.
[22] 谢存禧，张铁．机器人技术及其应用［M］．北京：机械工业出版社，2013.
[23] 孟繁华．机器人应用技术［M］．哈尔滨：哈尔滨工业大学出版社，1989.
[24] 吴芳美．机器人控制基础［M］．北京：中国铁道出版社，1992.
[25] 何广忠．机器人弧焊离线编程系统及其自动编程技术的研究［D］．哈尔滨：哈尔滨工业大学，2006.
[26] 蔡自兴．机器人学基础［M］．北京：机械工业出版社，2009.
[27] 孙迪生，王炎．机器人控制技术［M］．北京：机械工业出版社，1997.
[28] 柳洪义，宋伟刚．机器人技术基础［M］．北京：冶金工业出版社，2002.
[29] 朱世强，王宣银．机器人技术及其应用［M］．杭州：浙江大学出版社，2001.
[30] 吴振彪．工业机器人［M］．武汉：华中科技大学出版社，1997.
[31] 张建民．工业机器人［M］．北京：北京理工大学出版社，1988.
[32] 夏鲲，徐涛，李静锋，等．工业机器人的发展与应用研究［J］．广西轻工业，2008（8）.
[33] 张玫．机器人技术［M］．北京：机械工业出版社，2012.

《工业机器人应用基础》

张宪民　杨丽新　黄沿江　编著

读者信息反馈表

尊敬的老师：

您好！感谢您多年来对机械工业出版社的支持和厚爱！为了进一步提高我社教材的出版质量，更好地为我国高等教育发展服务，欢迎您对我社的教材多提宝贵意见和建议。另外，如果您在教学中选用了本书，欢迎您对本书提出修改建议和意见。

机械工业出版社教育服务网网址：http：//www. cmpedu. com

一、基本信息

姓名：____________　性别：____　职称：__________　职务：__________________

邮编：____________　地址：____

任教课程：____

电话：____—____________（H）____________（O）

电子邮件：____________________________________手机：____________________

二、您对本书的意见和建议

（欢迎您指出本书的疏误之处）

三、您对我们的其他意见和建议

请与我们联系：

100037　机械工业出版社·高等教育分社　舒恬　收

电话：010—88379217　　传真：010—68997455

电子邮件：shutianCMP@ gmail. com